Walter Krämer

Denkste!

SERIE PIPER

Zu diesem Buch

Wann werden im Lotto schon einmal die Zahlen 1, 2, 3, 4, 5 und 6 gezogen? Genauso oft wie die Zahlenfolge der letzten Samstagziehung lautet die überraschende Antwort – nämlich mit der Wahrscheinlichkeit von 1 zu 14 Millionen. Walter Krämer hat sein witziges und lehrreiches Buch vollgepackt mit unterhaltsamen Beispielen, anhand derer er viele Überzeugungen des Alltags als falsch entlarvt, etwa die todsicheren Strategien beim Roulette, die nichts als logische Kurzschlüsse sind. Denn wenn Menschen sich der Welt der Zahlen bedienen, tun sie das beileibe nicht mit Nüchternheit und Logik, vielmehr regieren Irrtum und Aberglaube. Walter Krämer beschreibt die mentalen Fußangeln, die Tag für Tag durch Statistiken, Fakten und Nachrichten ausgelegt werden, und macht durchsichtig, wie herrlich man mit Zahlen manipulieren kann. Und daß man dieses Buch auch ganz ohne mathematische Kenntnisse verstehen kann, macht Autor und Buch überaus sympathisch und führt zum nächsten Trugschluß, daß man mathematisch doch etwas auf dem Kasten hat ...

Walter Krämer, 1948 geboren, ist Professor für Wirtschafts- und Sozialstatistik an der Universität Dortmund. Er ist Autor vieler Bestseller zum Thema Statistik und Zahlen. Sein größter Bucherfolg ist das »Lexikon der populären Irrtümer« (1996 mit Götz Trenkler).

Walter Krämer

Denkste!

Trugschlüsse aus der Welt des Zufalls und der Zahlen

Piper München Zürich

Von Walter Krämer liegt in der Serie Piper außerdem vor:
Lexikon der populären Irrtümer (mit Götz Trenkler, 2446)

Ungekürzte Taschenbuchausgabe
Piper Verlag GmbH, München
Mai 1998

Umschlag: Büro Hamburg
Simone Leitenberger, Susanne Schmitt, Annette Hartwig
Umschlagabbildung: Claudio Munoz
Foto Umschlagrückseite: Eichborn Verlag, Frankfurt
Satz: Fotosatz L. Huhn, Maintal-Bischofsheim
Druck und Bindung: Clausen & Bosse, Leck
Printed in Germany ISBN 3-492-22443-1

Inhalt

Vorwort

Ich lese in der Zeitung, die deutschen Zahnärzte verdienen im Durchschnitt mehr als 300 000 Mark im Jahr, und denke: »Aha, die Hälfte aller Zahnärzte verdienen mehr als 300 000 Mark!« Oder eine Illustrierte schreibt: »Die Wahrscheinlichkeit für sechs Richtige im Lotto beträgt eins zu vierzehn Millionen, also haben Sie nach vierzehn Millionen Versuchen sicher einen Haupttreffer.« Oder einem Umweltschützer ist es aufgefallen, daß heute mehr Menschen an Krebs sterben als früher, und er schließt daraus, daß wir uns durch Rauchen, Chemikalien und Atomkraftwerke peu à peu vergiften.

Diese Schlüsse sind plausibel, aber trotzdem alle falsch. Nur rund ein Drittel aller deutschen Zahnärzte verdienen mehr als 300 000 Mark im Jahr, nach vierzehn Millionen mal Lottospielen hat man nur mit der Wahrscheinlichkeit $2/3$ einen Haupttreffer, und trotz einer unbestreitbaren Zunahme der Krebssterblichkeit hat die Gefahr, an Krebs zu sterben, seit Jahrzehnten quer durch alle Altersklassen abgenommen, um nur einige der paradoxen Resultate aufzuzählen, die im Zentrum dieses Buches stehen.

Hier sind ein paar andere: Ich gehe ins Kino und finde vor mir eine alte Freundin aus Australien sitzen. Oder ein Student von mir stellt fest, daß sein Geburtstag die Nummer seines Girokontos bei der Bank ergibt. Oder ein Kleinkind, weder des Lesens noch des Schreibens kundig, klimpert auf einem PC herum, und auf dem Bildschirm erscheint der Anfang der Äneis von Vergil – alles Dinge, die vielen unnatürlich, wie ein Produkt der Vorsehung erscheinen, die aber in Wahrheit sehr wahrscheinlich sind. Sie kommen uns aber aus den gleichen Gründen seltsam vor, aus denen wir die Zahlen 1, 2, 3, 4, 5, 6 beim Lotto für unwahrscheinlicher halten als 5, 12, 23, 33, 34, 45 (in Wahrheit sind beide Kombinationen gleich wahrscheinlich), oder glauben, daß ein Zwangs-AIDS-Test für alle medizinisch nützlich wäre (in Wahrheit hätten dann die meisten der AIDS-Positiven überhaupt kein AIDS), oder uns wundern, daß uns beim zweiten Besuch eines vorzüglichen Restaurants das Essen meistens schlechter schmeckt (was aber, wie wir später sehen werden, nur natürlich ist): weil wir alle – der Schreiber dieser Zeilen nicht ausgeschlossen – große Schwierigkeiten haben, mit Wahrscheinlichkeiten und Statistik unverkrampft und logisch umzugehen.

Dieses Buch stellt verschiedene dieser logischen Kurzschlüsse, mentalen Blackouts und intellektuellen Eigentore zusammen, die mir in meiner Laufbahn als Statistiker begegnet sind, von unsinnigen Todesahnungs-Theorien und obskuren Wahrscheinlichkeiten aller Art über »todsichere« Strategien bei Lotto und Roulette bis zu widersprüchlichen Erwartungswerten und falsch interpretierten Signifikanztests in der induktiven Statistik, das Ganze in der Hoffnung, wie Karl Haensel in seinem Buch *Über den Irrtum* einmal formulierte, daß wir »die Erlösung von der eigenen Irrtumsschwerkraft ... am mühelosesten mit dem Gelächter [erreichen], durch das man vom fremden Irrtum behaglich Abstand nimmt.«

Um das Behagen bei dieser Erlösung nicht zu stören, werden Sie deshalb Formeln und mathematische Beweise auf den folgenden Seiten eher selten finden. Stattdessen appelliere ich vor allem an den sogenannten »gesunden Menschenverstand« und an Ihre Bereitschaft, auch über solche Dinge nochmals logisch nachzudenken, die uns auf den ersten Blick schon klar erscheinen; viel mehr braucht es zum Entlarven der meisten hier vorgestellten mentalen Eskapaden kaum. Man muß nicht erst ein Buch über Wahrscheinlichkeitsrechnung lesen, um zu erkennen, daß die meisten sogenannten »Zufälle«, die uns im Alltag oft erstaunen, alles andere als selten sind, oder daß die Tatsache, daß mehr als die Hälfte aller weiblichen Mordopfer von ihrem eigenen Ehemann ermordet werden, noch lange nicht bedeutet, daß die Ehe Mordlüste erzeugt – diese und viele andere Schlüsse und Trugschlüsse zu Zahl und Zufall liegen offen da für jeden, der sie greifen und begreifen möchte, und dieses Buch ist nichts anderes als eine Einladung, eben das zu tun.

Wenn Sie trotzdem die eine oder andere Formel finden, die Sie nicht sofort verstehen: lesen Sie darüber weg. Betrachten Sie sie als einen Extraservice für Leute, die gern dem Autor etwas näher auf die Finger sehen und die eine oder andere Behauptung selber nachvollziehen wollen; zum Verstehen dessen, was ich eigentlich mit diesem Buch vermitteln möchte, braucht man diese Formeln nicht.

Deshalb habe ich auch soweit wie möglich auf Fußnoten und technisch Kleingedrucktes sowie auf eine ausführliche Diskussion der diversen Voraussetzungen verzichtet, die man für verschiedene Ableitungen braucht, die aber im folgenden nicht immer explizit in allen Fällen aufgelistet sind: Welche Formeln ich für diese oder jene Wahrscheinlichkeit verwende, warum die eine Behauptung aus der anderen folgt, woher ich meine Zahlen im einzelnen beziehe, wird nur soweit erläutert und belegt, wie es mir für das Verständnis der großen Zusammenhänge nötig scheint, ansonsten aber in die am Ende eines jeden Abschnitts aufgeführte Fachliteratur verbannt, wo alle, die wollen, tiefer graben und meine Quellen überprüfen können.

Wie alle meine Bücher beim Campus-Verlag ist auch dieses von vielen Helfern mitgestaltet worden, denen ich hiermit herzlich danken möchte: Michael Schmidt und Ralf Runde für das Nachrechnen von Formeln und für verschiedene Computergraphiken, die Ihnen auf den folgenden Seiten noch begegnen werden, Ulrike Guba, Manuela Müller und Carsten Heuer für dringend benötigte Quellen und Fakten, die ich selber mangels Zeit und Know-How nicht gefunden habe, Astrid Balfer, Claudia Schütze, Sonja und Matthias Michels, Denis, Doris und Eva Krämer sowie Benedikt Burkard für kritisch-konstruktive Kommentare zu verschiedenen Rohfassungen dieses Manuskripts, Andreas Diekmann und Georg Schrage für generöse Einsicht in eigene Materialien zum Thema dieses Buches und last not least meinen Studenten an der Universität Dortmund, die sich quasi als Versuchskaninchen so manche der folgenden Argumente anhören mußten, aber auch durch ihre eigenen freigebig mitgeteilten Erlebnisse zu Zufall und Wahrscheinlichkeit die nächsten Seiten aktiv mitgestaltet haben.

Dortmund Walter Krämer

1. Kapitel

Zufall und Wahrscheinlichkeit

»Es ist wahrscheinlich, daß das Unwahrscheinliche geschieht.«

Aristoteles

Die meisten »Zufälle« sind alles andere als unwahrscheinlich

Ein Zufall ist ein Ereignis, das äußerst unwahrscheinlich ist. Dieser populären Sicht der Dinge schließe ich mich vorerst einmal an. Wenn am 8. 8. des Jahres 1988 die Freibäder von München den 888888. Besucher zählen, so ist das ein Zufall, und eine Meldung in der Zeitung wert. Und noch größer wird der Zufall, wenn der Besucher 8 oder 88 ist und in der Achtenwalder Straße 18 wohnt.

Solche Zufälle passieren uns nur selten. Aber sie passieren. Der Franzose C. Flammarion berichtet von einem Messieur Deschamps, der einmal als Knabe von einem Messieur de Fontgibu einen Plumpudding erhält. Zehn Jahre später sieht besagter Deschamps einen Plumpudding in einem Pariser Restaurant; er will ein Stück davon bestellen, aber der Plumpudding ist bereits bestellt, und zwar von Messieur de Fontgibu. Viele Jahre später wird Deschamps zu einem Plumpudding geladen, wobei er bemerkt, jetzt fehle nur noch Fontgibu. Darauf öffnet sich die Tür, und ein uralter, desorientierter Greis tritt ein: Messieur de Fontgibu. Er hatte sich in der Adresse geirrt und war rein zufällig in dieses Haus geraten (nach C. G. Jung).

Oder ein Mann mit Namen George D. Bryson mietet sich in einem Hotel in Louisville, Kentucky ein, und bekommt das Zimmer 307. Darin angekommen, findet er einen Brief, adressiert an George D. Bryson, Zimmer 307. Reichlich verstört fragt er an der Rezeption, wie das geschehen könne – niemand wisse, wo er sich befinde, und erst recht hätte doch niemand vorher seine Zimmernummer kennen können – wobei sich herausstellt, daß der eigentliche Adressat des Briefes, ein George D. Bryson aus Montreal, der vorher dieses Zimmer innehatte, soeben abgefahren war (nach A. K. Dewdney).

Oder zwei weder verwandte noch verschwägerte Soldaten werden in das gleiche Lazarett gebracht. Sie sind beide 19 Jahre alt, haben beide eine Lungenentzündung, kommen beide aus Schlesien, dienen beide als Freiwillige in einer Transportkompanie und heißen beide Franz Richter (nach Paul Kammerer).

Oder eine kürzlich aus Tschechien nach Deutschland übersiedelte Frau mit Vornamen Janina, Mutter zweier Kinder, telefoniert mit ihrer Freundin Eva in Prag, Mutter dreier Kinder, zum zweiten Mal verheiratet. Die beiden reden etwa zehn Minuten, dann kommen Janina doch Bedenken, sie habe sich verwählt. Und sie hat sich tatsächlich verwählt. Aber die Dame am anderen Ende der Leitung heißt tatsächlich Eva, hat drei Kinder, ist zum zweiten Mal verheiratet, und eine ihrer Freundinnen namens Janina ist kürzlich mit zwei Kindern nach Deutschland ausgereist (berichtet eine meiner Studentinnen, die Tochter von Janina).

Solche Zufälle erstaunen und amüsieren uns immer wieder. Oft betreffen sie so wie oben gleiche Zahlen, Namen und Begriffe, oft auch Dinge, die wir nach langer Zeit und völlig unversehens wiedersehen, so wie die handgemalte Wandtapete, die der große Carl Zuckmayer, nachdem sie ihm im österreichischen Exil im Gasthof des Carl Mayr bei Salzburg zum ersten Mal begegnet war, nach langen Jahren in einer amerikanischen Intellektuellenvilla wiederfindet: »Viele Jahre nach meiner Flucht aus dem besetzten Österreich«, schreibt er in *Als wär's ein Stück von mir*, »wurde ich drüben in Amerika einmal von Freunden aus meiner Vermonter Farm- und Waldeinsamkeit weggeholt, um einen amerikanischen Schriftsteller kennenzulernen, der sich einige kleine Autostunden weit in einer Ortschaft des alten, kolonialen

Neu-England angesiedelt hatte.« Nach einer ausgiebigen Hausbesichtigung und nach langem Drängen Zuckmayers schließt dieser ein unbeheiztes und deshalb nicht bewohntes letztes Gartenzimmer auf, worin fein säuberlich an der Wand verklebt die Originaltapete aus Salzburg hängt, »als hätte Carl Mayr soeben den letzten Farbtupfen aufgesetzt«.

»War die schon immer hier?« fragt Zuckmayer und erfährt, daß es von diesem Stück weltweit nur drei Exemplare gibt. »Diese da war nach Europa verkauft worden und wurde durch einen Kunsthändler vor ein paar Jahren nach Amerika zurückverkauft. Zuletzt kam sie aus Österreich.«

»Dies ereignete sich ungefähr um die Zeit, als Carl Mayr in Henndorf starb«, schreibt Zuckmayer. »Mir ist aber, als hätte ich ihn vorher noch in seinem Gartenzimmer besucht.«

Solche unverhofften Wiedersehen werden uns in diesem Kapitel noch mehrmals beschäftigen. Hier gleich noch ein paar weitere:

Ein amerikanischer Soldat, aus dem Ersten Weltkrieg heimgekehrt, findet am Strand von Brooklyn eine angeschwemmte Waschbürste – eigentlich nichts besonderes, aber es war seine eigene, die gleiche, die mehrere Jahre zuvor mit einem Truppentransporter und zahlreichen Kameraden des Soldaten nach einem deutschen U-Boot-Angriff vor der französischen Atlantikküste untergegangen war (nach P. G. Crean). Oder eine Mutter aus dem Schwarzwald läßt ihren vierjährigen Sohn photographieren. Den Film bringt sie nach Straßburg zum Entwickeln, dann bricht der Erste Weltkrieg aus – sie holt den Film nicht ab. Zwei Jahre später kauft sie in Frankfurt einen neuen Film, um ihre inzwischen geborene Tochter aufzunehmen. Jedoch erweist sich der Film als doppelt belichtet, und auf der ersten Aufnahme ist niemand anderer zu sehen als ihr zwei Jahre vorher photographierter Sohn. (Offenbar war der alte, in Straßburg vergessene und nicht entwickelte Film auf irgendeine Weise wieder in den Handel geraten; nach C. G. Jung). Oder ein seekranker Nordseefahrer übergibt den Wellen mit seinem Mageninhalt auch noch sein künstliches Gebiß; einige Monate später erhält er es aus dem Magen eines Kabeljaues unter großer Anteilnahme aller Medien zurück (so geschehen in Holland Ende 1994), oder die auf einem Flohmarkt gekaufte Tabaksdose mit der eingravierten Inschrift »Falls gefunden, bitte zurückgeben an XY« landet ausgerechnet bei dem Neffen von XY, und so weiter.

Vermutlich hat so mancher Leser dieser Zeilen zu solchen Wiedersehen wie auch zu anderen Zufällen seine eigene Geschichte. Ich selbst z.B. lese in *Der Teufel in der Wissenschaft* von Gerhard Prause und Thomas von Randow über den berühmten Lehrsatz von Fermat: Es ist unmöglich, eine ganzzahlige Potenz größer als zwei einer natürlichen Zahl als Summe zweier ganzzahliger Potenzen darzustellen. Dieses Theorem war jahrhundertelang unbewiesen und umstritten und dient in diesem Buch als Beispiel eines Irrtums in der Wissenschaft. Dann schlage ich die Zeitung dieses Tages auf und lese: »Mathe-Rätsel jetzt gelöst – Als Beglückung empfinden führende Mathematiker auf der Welt, daß das wohl bekannteste Rätsel der Mathematik jetzt gelöst ist ... Nachdem Generationen von Profi- und Amateur-Mathematikern an der strengen Beweisführung gescheitert waren, gelang dem Briten Wiles die Verifizierung des Fermat'schen Theorems.«

Da mußte ich mich dann doch sehr wundern, und habe lange über diesen Zufall nachgedacht.

*

Viele Menschen sehen nun hinter solchen Zufällen nicht den Zufall, sondern ein System. Zuckmayer etwa scheint zu glauben, Gott im Himmel selber hätte ihn von Carl Mayr aus Salzburg grüßen wollen – »gleichsam von einer Fährte gezogen, bestand ich darauf, ihn [den Raum mit der Tapete] zu sehen.« Der Biologe Paul Kammerer, ein großer Sammler von Zufällen aller Art, vermutete dahinter ein »Gesetz der Serie« als einen »Ausdruck des Beharrungsgesetzes der in seiner Wiederholung mitspielenden Objekte«, der große Psychologe C. G. Jung eine »Gleichzeitigkeit zweier verschiedener psychischer Zustände« und der Philosoph Arthur Schopenhauer eine »Gleichzeitigkeit des kausal

Nichtzusammenhängenden, das man ›Zufall‹ nennt«, die er durch unsichtbare Querverbindungen zwischen verschiedenen Schicksalen zu erklären sucht. »Alle Ereignisse im Leben eines Menschen ständen demnach in zwei grundverschiedenen Arten des Zusammenhangs«, schreibt er: »erstlich, im objektiven, kausalen Zusammenhang des Naturlaufs; zweitens, in einem subjektiven Zusammenhange, der nur in Beziehung auf das sie erlebende Individuum vorhanden und so subjektiv wie dessen eigene Träume ist ...«

Abb. 1.1: Arthur Schopenhauer: Er glaubte nicht an Zufälle, für ihn waren alle Ereignisse im Leben eines Menschen eng verbunden

Über diese Theorien will ich hier auch überhaupt nicht richten. Ob sie das wahre Leben gut oder schlecht beschreiben, ob sie reine Hirngespinste oder echte Fortschritte in unserem Weltverständnis sind, lasse ich einmal dahingestellt. Wichtig für unsere Zwecke ist allein, daß wir diese Theorien für die Erklärung unwahrscheinlicher Ereignisse überhaupt nicht brauchen. Denn bei aller wohlverdienten Verblüffung: all die oben aufgeführten wundersamen Ereignisse sind bei näherem Hinsehen weit weniger verwunderlich, als sie uns zunächst erscheinen; selbst wenn sich alle diese seltsamen Geschehnisse genauso zugetragen haben sollten wie berichtet, ist das dennoch weit weniger erstaunlich als die meisten glauben, und auch ohne das Wirken Gottes, ohne »Querverbindungen zwischen verschiedenen Schicksalen« und ohne die »Gleichzeitigkeit verschiedener psychischer Zustände« sehr leicht zu erklären.

Wenn etwa Kammerer sich wundert, daß jemand in der Straßenbahn eine Fahrkarte bekommt mit der gleichen Nummer wie sein Theaterticket für den Abend, und am gleichen Tag zu Hause angerufen wird von jemand mit nochmals der gleichen Nummer, so finde ich das überhaupt nicht wunderlich. Dergleichen Dinge sollte man im Gegenteil sogar erwarten. Natürlich würde ich mich sehr erstaunen, wenn das mir selbst geschähe; aber daß es *irgendjemandem irgendwann* einmal geschieht, ist alles andere als unwahrscheinlich.

Genauso ist es äußerst unwahrscheinlich, daß sich zwei Menschen namens Richter in der von Kammerer beschriebenen Weise in ihrem Leben erstmals treffen. Aber daß in *irgendeinem* Lazarett des ersten Weltkriegs *irgendwelche* zwei Verwundete *irgendein* Leiden, *irgendeinen* Nachnamen und *irgendein* Geburtsjahr gemeinsam haben, ist eine ganz andere Sache; das ist alles andere als unwahrscheinlich, das ist fast schon zu erwarten.

Sehen wir uns die Wahrscheinlichkeit eines solchen unwahrscheinlichen Geschehens an einem Vorfall einmal an, der mir selber gestern zugestoßen ist: »Bald glaube ich an UFOs«, sagt meine Frau zu mir, als ich von der Universität nach Hause komme. Ihr war die Glühbirne der Küchenlampe durchgebrannt, und gleich darauf auch noch die Lampe in der Flurleuchte. »Und dann schalte ich die Treppenhausbeleuchtung ein«, berichtet sie, »und – blups – geht die Lampe auch kaputt.«

Da sie aber eine erste Fassung dieses Kapitels schon gelesen hatte, hat sie diese Affäre dann doch als belanglos abgetan.

Dann setzen wir uns zum Abendessen nieder, und – blups –

brennt die Eßtischlampe durch. Und als ich zufällig später vor die Haustür sehe, ist auch die Außenlampe durchgebrannt.

Also doch ein UFO?

Inklusive aller Schreibtisch-, Garagen-, Nachttisch-, Badezimmer- und Was-weiß-ich-noch-Lampen haben wir rund dreißig Glühbirnen im Haus. Daß fünf oder mehr davon an einem einzigen Tag durchbrennen, ist zwar sehr unwahrscheinlich – wenn jede Birne im Mittel ein Jahr hält, geschieht das nur mit einer Wahrscheinlichkeit von etwa einem tausendstel Prozent (für Experten: ich habe dazu einmal etwas weltfremd unterstellt, daß die dreißig Glühbirnen unabhängig voneinander und je mit Wahrscheinlichkeit eins zu siebenhundert an einem konkreten Tag durchbrennen) –, aber daß dies irgendwann, an irgendeinem Tag einmal geschieht, ist viel wahrscheinlicher: binnen der neun Jahre, die wir schon das Haus bewohnen, mit einer Wahrscheinlichkeit von rund drei Prozent – nicht so viel, daß meine Frau und ich uns hätten sagen müssen: »Na endlich, das wird aber Zeit«, aber auch nicht so wenig, um deshalb gleich Poltergeister oder UFOs zu bemühen (eine noch viel bessere Erklärung ist natürlich, daß die Glühbirnen wegen einer Überspannung alle zusammen ausgefallen sind).

Selbst das Erlebnis des Herrn Bryson ist so gesehen recht alltäglich. Wenn wir einmal grob gerechnet unterstellen, daß ein Amerikaner im Durchschnitt zehn Landsleute mit dem gleichen Namen, Vornamen und gegebenenfalls auch Mittelnamen hat, und daß pro Jahr alle Hotelbetten der USA zusammen rund zwanzig Millionen Mal den Besitzer wechseln, so haben bei einem konkreten Besitzerwechsel nur mit einer Wahrscheinlichkeit von eins zu zwanzig Millionen Vorgänger und Nachfolger den gleichen Namen. Aber bei zwanzig Millionen Besitzwechseln pro Jahr steigt die Wahrscheinlichkeit dafür schon auf über sechzig Prozent, wie man unter gewissen Annahmen bezüglich der Häufigkeit der Namen leicht ausrechnet, und über mehrere Jahre hinweg können wir einen solchen »Zufall« fast mit Sicherheit erwarten.

Genauso wären vermutlich sowohl Sie wie ich über einen

Haupttreffer im Lotto mehr als überrascht; die Wahrscheinlichkeit dafür beträgt rund 1 zu 14 Millionen, und daß dies ausgerechnet mir passiert, ist äußerst unwahrscheinlich.

Trotzdem – irgendwem passiert es immer. Fast jedes Wochenende hat jemand sechs Richtige im Lotto. Mit anderen Worten, ein Ereignis, das nur ganz selten einem selbst begegnet, begegnet *irgendjemandem* mit großer Sicherheit.

Damit haben wir auch schon einen der häufigsten Trugschlüsse zu Wahrscheinlichkeiten aufgespürt: »Weil etwas für mich selber unwahrscheinlich ist, muß es generell sehr unwahrscheinlich sein.« Stattdessen muß man immer fragen: »Wie wahrscheinlich ist es, daß es mir passiert?« und »Wie wahrscheinlich ist es, daß es *irgendwem* passiert?« Die erste Wahrscheinlichkeit ist in der Regel klein, und deshalb sind wir im Eventualfall auch zu Recht sehr überrascht. Die zweite Wahrscheinlichkeit ist dagegen sehr viel größer, und oft sogar so groß, daß wir das fragliche Ereignis so wie einen Haupttreffer im Lotto fast mit Sicherheit erwarten können.

Literatur: C. Flammarion: L'Inconnu et les Problèmes psychiques, Paris 1900; P. Kammerer: Das Gesetz der Serie, Stuttgart 1919; C. G. Jung und W. Pauli: Naturerklärung und Psyche, Zürich 1952; A. Köstler: The roots of coincidence, London 1972; A. Kitaigorodski: Unwahrscheinliches – möglich oder unmöglich? Leipzig 1975 (VEB Fachbuchverlag); P. G. Crean (Hrsg.): Believe it or not, Toronto 1982; Rudy Rucker: »The powers of coincidence«, Science, Feb. 1985, 54-57; Martin Gardner: Bacons Geheimnis. Die Wurzel des Zufalls und andere numerische Merkwürdigkeiten, Frankfurt 1986; Persi Diaconis und Frederick Mosteller: »Methods for studying coincidences«, Journal of the American Statistical Association 1989.

Parapsychologie und Todesträume

Ein gutes Beispiel für scheinbar unwahrscheinliche, aber bei näherer Betrachtung fast schon sichere Ereignisse sind die berühmten Todesträume. Jemand träumt, daß jemand anders stirbt – und der andere stirbt. »Einer meiner Bekannten sieht und erlebt im Traum den plötzlichen und gewaltsamen Tod eines Freundes, mit charakteristischen Merkmalen«, schreibt C. G. Jung. »Der Träumer befindet sich in Europa und sein Freund in Amerika. Ein Telegramm am nächsten Morgen bestätigt den Tod und ein Brief etwa zehn Tage später die Einzelheiten...«

Oder der Schauspieler Alec Guinness, zu Besuch in Hollywood, bekommt das neue Auto von James Dean gezeigt. »Ich weiß nicht wieso, aber das Auto gefällt mir nicht«, sagt Alec Guiness zu James Dean. »Fahre besser nicht damit. Sonst bist Du nächste Woche tot.« Und wie wir wissen, war James Dean die nächste Woche tot.

Solche Ereignisse seien derart unwahrscheinlich, so Jung, daß der Zufall als Erklärung ausscheide und man nach anderen Ursachen suchen müsse, etwa den von Jung propagierten »akausalen« oder »telepathischen« Koinzidenzen, welche quasi als Verbindungsfenster für mehrere von Jung vermutete parallele Welten dienen, in denen wir Menschen, von unseren parallelen Existenzen nichts wissend, gleichzeitig und mehrfach existieren. So soll etwa der französische Psychologe Dariex errechnet haben, daß die Wahrscheinlichkeit einer »telepathischen« Todeswahrnehmung nur eins zu vier Millionen betrage, woraus Jung dann schließt, daß »die Erklärung eines derartigen Falles als Zufall ... mehr als viermillionenmal unwahrscheinlicher [ist] als die ›telepathische‹ bzw. als die akausale, sinngemäße Koinzidenz«.

Dieses Argument ist aber falsch. Selbst wenn wir die Dariexsche Wahrscheinlichkeit einmal gelten lassen, und uns auch an ihrer seltsamen Behandlung durch Jung nicht weiter stören – diese Zahl ist kein Beweis für Telepathie. Im Gegenteil. Wenn wir die eins zu vier Millionen einmal so interpretieren, daß ein Todesfall unter vier Millionen von jemand anderem geträumt wird, so können wir bei neunhunderttausend Todesfällen jedes Jahr in Deutschland alle vier bis fünf Jahre mit einer solchen wundersamen Ahnung rechnen.

Vermutlich gibt es aber »wahre« Todesträume noch viel öfter. Wenn wir einmal sehr vorsichtig schätzen, daß jeder Bundesbürger im Durchschnitt einmal im Leben vom Tod eines anderen, ihm oder ihr bekannten Menschen träumt, kommen bei achtzig Millionen Menschen in Deutschland pro Nacht mehr als zweitausend Todesträume vor – ungefähr so viele wie tatsächlich Menschen sterben. Wenn wir weiter einmal unterstellen, die Opfer in den Todesträumen wären zufällig unter allen Bundesbürgern ausgewählt, so beträgt die Wahrscheinlichkeit, daß mindestens ein Todesfall eines bestimmten Tages in der Nacht zuvor von jemand anderem geträumt wird, rund acht Prozent, was pro Jahr an durchschnittlich dreißig Tagen eine wahre Todesahnung produziert.

Diese Todesahnungen sind aber ein lupenreines Produkt des Zufalls und haben mit übersinnlichen Wahrnehmungen oder mit irgendeiner Vorsehung nicht das mindeste zu tun. Sie sind so häufig oder selten wie zweiköpfige Kälber, Tod durch Blitzschlag oder Schnee im Juni – in einem konkreten Einzelfall sehr unwahrscheinlich, aber irgendwann und irgendwo mit Sicherheit zu finden.

In Wahrheit sind die nur durch Zufall wahren Todesträume vermutlich sogar noch häufiger als oben ausgerechnet. Denn in dieser Rechnung habe ich angenommen, die Todesträume wären zufällig auf alle achtzig Millionen Bundesbürger verteilt; außerdem habe ich nur solche Träume gezählt, deren »Opfer« gleich am nächsten Tag versterben, und angenommen, daß jeder Mensch im Mittel nur einmal im Leben vom Tode eines anderen träumt. Wenn wir zusätzlich noch erlauben, daß Menschen vielleicht mehr als einmal im Leben Todesträume haben, oder daß Menschen in Lebensgefahr öfter in den Todesträumen ihrer Mitmenschen auftreten als andere, und wenn wir auch solche Todesträume mitzählen, deren »Opfer« erst binnen einer Woche oder binnen eines Monats nach dem Traum versterben, so werden wahre Todesträume nochmals häufiger; sie werden sozusagen fast alltäglich, so selten wie Regen im April.

Literatur: C. G. Jung und W. Pauli: Naturerklärung und Psyche, Zürich 1952; D.J. Enright (Hrsg.): The Oxford book of the supernatural, Oxford 1994.

Der heimwehkranke Blumentopf

Wir haben gesehen: die Wahrscheinlichkeit, daß einer bestimmten Person ein bestimmtes Ereignis zustößt, kann so klein sein wie sie will – trotzdem ist die Wahrscheinlichkeit, daß dieses Ereignis *irgendeiner* Person zustößt, oft sehr groß.

Hier ist eine weitere Anwendung dieses so einfachen wie zentralen Sachverhalts: Der Teufel und der Liebe Gott legen eine Kartei der Sünden und der guten Taten an; sie numerieren unabhängig voneinander alle Menschen dieser Erde von eins bis sechs Milliarden durch. Mit welcher Wahrscheinlichkeit habe ich, Walter Krämer, dann beim Teufel wie beim lieben Gott die gleiche Nummer?

Die Antwort ist einfach: Eins zu sechs Milliarden. Wenn der Teufel nicht weiß, welche Nummer mir der liebe Gott gegeben hat, und mir zufällig eine neue Nummer zwischen eins und sechs Milliarden zuteilt, so stimmt diese neue Nummer mit einer Wahrscheinlichkeit von eins zu sechs Milliarden mit der alten Nummer überein – fünfhundertmal unwahrscheinlicher als ein Hauptgewinn im Lotto. Mit anderen Worten, ich könnte ohne großes Risiko meinen Kopf verwetten, daß meine beiden Nummern *nicht* identisch sind. Aber trotzdem stimmen mit einer Wahrscheinlichkeit von fast $^2/_3$ für mindestens einen Erdenbürger diese Nummern überein!

Diese paradoxe Wahrheit begegnet uns in den verschiedensten Verkleidungen. Eine Tischgesellschaft setzt sich zum Essen nieder, ohne auf die Platzkarten zu achten. Mit welcher Wahrscheinlichkeit sitzt trotzdem mindestens ein Gast genau auf seinem vorbestimmten Platz? Beim monatlichen Versenden der Telefonrechnungen unterläuft der Post ein Fehler – der Computer wirft alle Adressen und Rechnungen zufällig durcheinander. Mit welcher Wahrscheinlichkeit bekommt trotzdem mindestens ein Haushalt seine korrekte, für ihn bestimmte Rechnung? Bei einer Party oder Weihnachtsfeier stiftet jeder Gast ein Geschenk; dann werden die Geschenke zufällig auf alle Gäste aufgeteilt. Mit welcher Wahrscheinlichkeit bekommt mindestens ein Gast sein eigenes Geschenk? Oder ein Kartenspieler deckt parallel und unabhängig zwei gut gemischte Packen Karten auf (die älteste Version, aus einem Buch des französischen Mathematikers Pierre de Montmort von 1708). Mit welcher Wahrscheinlichkeit stimmen mindestens einmal beide aufgedeckten Karten überein?

Die Antwort ist in allen Fällen gleich: mit derselben Wahrscheinlichkeit, mit der ein Mensch beim Teufel wie beim Lieben Gott die gleiche Kartennummer zieht, nämlich 63,2 Prozent.

Oder man nehme das folgende Ereignis aus dem Golfkrieg: »Abertausende amerikanischer Kinder schreiben in diesen Monaten unbekannterweise Briefe an die im Persischen Golf eingesetzten US-Soldaten, um ihnen zu zeigen, daß man sie in der Heimat nicht vergesen hat«, lese ich in der *Hannoverschen Allgemeinen Zeitung*. »Die Anschrift lautet üblicherweise: ›An irgendeinen Soldaten‹. Einen solchen Brief erhielt in Saudi-Arabien der 27-jährige Sergeant Rory Lomas aus Savannah im Staat Georgia. Wie es der Zufall wollte: Der Brief an irgendeinen Soldaten stammte von Lomas' zehnjähriger Tochter Cetericka.«

Auch dieser Zufall ist kein Zufall – man kann mit einer Wahrscheinlichkeit von fast $^2/_3$ darauf vertrauen, daß dies irgendeinem Soldaten widerfährt.

*

Das fällt vielen Menschen schwer zu glauben, weil sie dem alten Trugschluß unterliegen: »Weil etwas nur mit einer sehr kleinen Wahrscheinlichkeit mir selbst zustößt, stößt es auch niemand an-

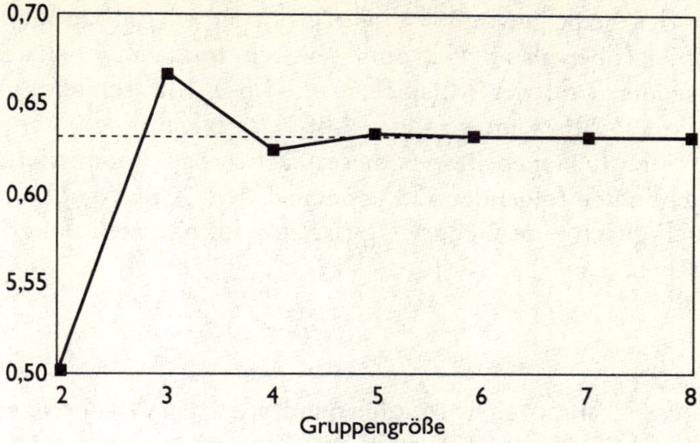

Abb. 1.2: Die Wahrscheinlichkeit für mindestens einen Treffer konvergiert sehr schnell gegen 63,2 Prozent

derem zu.« Betrachten wir der Konkretheit halber eine Tombola mit genauso vielen Losen wie Gewinnen. Mit anderen Worten, jedes Los gewinnt. Wenn nun jeder Festbesucher genau einen Beitrag zur Verlosung leistet und genau ein Los kauft, mit welcher Wahrscheinlichkeit erhält dann unser Nachbar Meier seinen eigenen Blumentopf zurück?

Je nachdem. Gibt es nur zwei Gewinne und zwei Lose, gewinnt Meier seinen eigenen Blumentopf mit einer Wahrscheinlichkeit von $1/2$. Gibt es drei Gewinne und drei Lose, gewinnt er seinen eigenen Topf mit einer Wahrscheinlichkeit von $1/3$, gibt es vier Lose, gewinnt er ihn mit einer Wahrscheinlichkeit von $1/4$ usw. (immer unterstellt, die Lotterie ist fair und die Lose werden gut gemischt). Die Wahrscheinlichkeit, daß ein *bestimmter* Gast sein eigenes Geschenk zurückgewinnt, wird also immer kleiner, genau wie wir erwarten: Daß eine konkrete Person ihr eigenes Geschenk zurück erhält (daß sie beim Teufel wie beim lieben Gott die gleiche Nummer zieht), ist bei sehr vielen Menschen fast unmöglich.

Trotzdem: die Wahrscheinlichkeit, daß *irgendjemand* sein eigenes Geschenk gewinnt, ist sehr groß. Sie ist für die kleinste Gruppengröße, also zwei, am kleinsten und nähert sich mit wachsender Zahl der Mitspieler und Lose sehr schnell einem Wert von 63,2 Prozent, so wie in Abb. 1.2 gezeigt.

Wer sich für einen Beweis dieses Sachverhalts interessiert, ist herzlich in den folgenden Exkurs eingeladen. Ansonsten können Sie auch gleich zum Geburtstagsparadox im nächsten Abschnitt übergehen.

Exkurs: Wahrscheinlichkeit für mindestens ein Wiedersehen von Geschenk und Spender

Für die Gruppengröße 2 ist diese Wahrscheinlichkeit ganz offenbar ein halb, denn man kann die zwei Gewinne nur auf zwei Arten auf zwei Teilnehmer verteilen: einmal erhält jeder seinen eigenen Einsatz zurück, und einmal werden die Einsätze getauscht. Da beide Ereignisse gleich wahrscheinlich sind, hat jedes die Wahrscheinlichkeit von $1/2$.

Für eine Gruppe von der Größe drei gibt es da schon weit mehr Möglichkeiten. Um diese abzuzählen, geben wir den drei Losen die Nummern 1, 2 und 3 und überlegen uns, daß diese wie folgt gezogen werden können:

(1 2 3), (1 3 2), (2 1 3), (3 1 2), (2 3 1), (3 2 1)

Das sind insgesamt sechs Möglichkeiten. Dabei steht jede Klammer für eine mögliche Aufteilung der Lose, die erste etwa für den Fall, daß der erste Teilnehmer das erste Los, der zweite Teilnehmer das zweite Los und der dritte Teilnehmer das dritte Los, also jeder Teilnehmer seinen eigenen Einsatz zurückerhält. Beim zweiten der möglichen Ausgänge erhält nur der erste seinen Einsatz wieder, während der zweite und dritte die Geschenke tauschen, bei der dritten Möglichkeit tauschen der erste und der zweite, während der dritte seinen Blumentopf behält, und so weiter. Insgesamt erhält bei vier der sechs möglichen Aufteilungen mindestens einer der Teilnehmer seinen Einsatz zurück – mit anderen Worten, die Wahrscheinlichkeit dafür beträgt $4/6$ alias $2/3$.

Mit wachsender Gruppengröße wird dieses Rechnen immer komplizierter. Bei vier Losen etwa gibt es schon $4 \times 3 \times 2 = 24$ Möglichkeiten, diese auf vier Personen aufzuteilen, bei fünf Losen sogar $5 \times 4 \times 3 \times 2 = 120$ Möglichkeiten, und so nehmen die Möglichkeiten, eine gegebene Anzahl von Objekten auf eine gleichgroße Anzahl von Personen (oder Schubladen, Briefkästen, Stühle, Bänke, ...) zu verteilen, sehr schnell zu; allgemein haben wir bei n Losen und n Personen insgesamt

$$n \times (n-1) \times (n-2) \times \ldots 3 \times 2$$

Möglichkeiten, oder abgekürzt n! (gesprochen »n-Fakultät«).

Auf wieviele Arten kann es dabei nun geschehen, daß mindestens ein Teilnehmer sein eigenes Los erhält?

Nun, offenbar ist es auf (n-1)! verschiedene Arten möglich, daß der erste Teilnehmer sein eigenes Los zurück erhält: Nach der obigen Formel gibt es nämlich (n-1)! Möglichkeiten, die verbleibenden n-1 Lose auf die restlichen n-1 Teilnehmer aufzuteilen. Genauso ist es auf (n-1)! verschiedene Weisen möglich, daß der zweite Teilnehmer sein eigenes Los zurück erhält, und dito für die Teilnehmer Nr. drei, vier, fünf usw. Wenn wir alle diese Möglichkeiten aufaddieren, erhalten wir n(n-1)! = n! Möglichkeiten, genausoviele wie die Aufteilungen insgesamt.

Das ist nur scheinbar paradox, denn wir haben bei diesem Aufaddieren alle Aufteilungen mit zwei oder mehr Treffern (denn auch das kann vorkommen) doppelt oder sogar mehrfach gezählt. Daher ziehen wir von n! jetzt alle Aufteilungen mit zwei Treffern ab. Davon gibt es soviele wie es Zweier-Paare bei den n Teilnehmern gibt, also n(n-1)/2, malgenommen mit den Möglichkeiten, die jeweils restlichen n-2 Lose zu verteilen, also zusammen n(n-1)(n-2)!/2 = n!/2 Möglichkeiten. Diese sind von n! zu subtrahieren.

Allerdings sind wir dabei über das Ziel hinausgeschossen, denn auch diesmal haben wir wieder bestimmte Aufteilungen – alle mit drei Treffern oder mehr – doppelt oder sogar mehrfach gezählt. Davon gibt es soviele wie es Dreier-Kombinationen von Teilnehmern gibt, jeweils wieder malgenommen mit den Möglichkeiten, die jeweils restlichen n-3 Lose zu verteilen.

Die Anzahl der Dreier-Kombinationen finden wir über die folgende Formel, die uns ganz allgemein die Zahl der Möglichkeiten nennt, aus einer Menge mit insgesamt n Elementen eine Teilmenge vom Umfang m auszuwählen (wobei natürlich m nicht größer ist als n):

$$\text{Anzahl m-elementiger Teilmengen einer Menge von n Elementen} = n!/m!(n-m)!$$

Mit anderen Worten, es gibt genau

$$n(n-1)(n-2)/3!$$

Dreiergruppen bei n Losen, und für jede davon nochmals (n-3)! Möglichkeiten, die restlichen n-3 Lose aufzuteilen, also zusammen

$$n(n-1)(n-2)(n-3)!/3! = n!/3!$$

Möglichkeiten.

Wie nicht anders zu erwarten, ist aber auch diese Zahl zu hoch – jetzt haben wir die Aufteilungen mit vier oder mehr Treffern zuviel gezählt. Davon gibt es n!/4!, wie wir uns analog dem obigen Muster überzeugen, und so weiter und so fort: wir müssen solange immer wieder addieren und subtrahieren, bis wir bei n Treffern angekommen sind (was auf genau eine Art und Weise möglich ist). Insgesamt haben wir damit

$$n! - n!/2! + n!/3! - n!/4! + n!/5! \ldots$$

Möglichkeiten, mindestens einen Treffer zu erzielen.

Die Wahrscheinlichkeit für mindestens einen Treffer erhalten wir, indem wir diese Zahl durch die Gesamtzahl n! aller Möglichkeiten teilen:

$$1 - 1/2! + 1/3! - 1/4! + 1/5! \ldots,$$

und diese Summe konvergiert mit wachsender Gruppengröße gegen (e-1)/e = 0,6321... , wobei e die Eulersche Zahl e = 2,7182... bezeichnet.

Wie in Abb. 1.2 zu sehen, ist dieser Kurs nicht monoton, sondern gezackt: die Wahrscheinlichkeit für einen Treffer ist bei der Gruppengröße zwei am kleinsten, und für eine Gruppengröße drei am größten. Dann wird sie wieder kleiner, danach größer, und so oszillieren die Wahrscheinlichkeiten immer dichter an ihren Grenzwert von 0,6321... heran, von dem sie sich ab einer Gruppengröße sechs bis auf vier Nachkommastellen nicht mehr unterscheiden. Das eigentliche Paradox ist also nicht, daß die Wahrscheinlichkeit für ein Wiedersehen viel größer ist als viele glauben, sondern daß diese Wahrscheinlichkeit ab sechs Menschen praktisch unabhängig von der Gruppengröße ist.

Literatur: P. R. Montmort: Essay d'analyse sur les jeux de hazard, Paris 1708; L. Takács: »The problem of coincidences«, Archive for the history of exact sciences 21, 1980, S. 229-245; G. S. Szekely: Paradoxa: Klassische und neue Überraschungen aus Wahrscheinlichkeitstheorie und mathematischer Statistik, Frankfurt 1990 (Deutsch); A. K. Dewdney: »Mathematische Unterhaltungen«, Spektrum der Wissenschaft 1/1992, S. 10-12.

Das Geburtstags-Paradox

Eng verwandt mit dem heimwehkranken Blumentopf ist das Geburtagsparadox: Mit welcher Wahrscheinlichkeit haben zwei Zufallsbekannte am gleichen Tag Geburtstag? Oder präziser ausgedrückt: mit welcher Wahrscheinlichkeit sind mindestens zwei

Personen in einer zufällig zusammengewürfelten Menschenmenge am gleichen Tag geboren?

Diese Wahrscheinlichkeit ist größer, als die meisten glauben; ab einer Gruppengröße von dreiundzwanzig ist sie größer als ein halb.

Zunächst ist klar: je mehr Menschen, desto eher finden wir auch ein Geburtstags-Paar. Bei mehr als 366 Personen sind wir sogar völlig sicher, mindestens ein solches Paar zu finden! Denn wenn wir 367 Menschen oder mehr auf 366 Stühle alias Tage verteilen (wir zählen einmal den 29. Februar mit), dann muß auf mindestens einen Stuhl mehr als eine Person zu sitzen kommen. Mit anderen Worten, in einer Gesellschaft von mehr als 366 Menschen ist die Wahrscheinlichkeit für zwei identische Geburtstage gleich eins!

Das ist noch sehr leicht einzusehen. Weniger plausibel, und für die meisten Menschen äußerst überraschend, ist dagegen die geringe Gruppengröße, nämlich dreiundzwanzig, ab der diese Wahrscheinlichkeit größer ist als $1/2$. Ab dieser Größe, d.h. bei dreiundzwanzig Menschen oder mehr, ist die Wahrscheinlichkeit, daß zwei am gleichen Tag Geburtstag haben, größer als die Wahrscheinlichkeit des Gegenteils.

Am besten probieren Sie es einfach einmal aus: Auf einer Party oder während einer Kaffeepause zuerst zählen, ob mehr als zweiundzwanzig Menschen anwesend sind, dann wetten, daß mindestens zwei davon am gleichen Tag Geburtstag haben – Sie werden mit dieser Wette im Durchschnitt mehr gewinnen als verlieren.

Das scheint vielen ungewöhnlich; sie denken: »Mit welcher Wahrscheinlichkeit hat jemand anderes am gleichen Tag Geburtstag wie ich selbst?« Diese Wahrscheinlichkeit ist natürlich bei dreiundzwanzig Personen nicht sehr groß (konkret nur 5,9 Prozent), und daraus schließen wir dann scheinbar logisch, aber falsch, daß diese Wahrscheinlichkeit auch insgesamt sehr klein sein muß.

Wir haben hier den gleichen scheinbaren Widerspruch wie schon so oft: die Wahrscheinlichkeit, daß ein bestimmtes Ereignis mir selbst zustößt, ist sehr klein, aber die Wahrscheinlichkeit, daß dieses Ereignis *irgendjemand* zustößt, ist sehr groß.

Dazu rechnen wir die Wahrscheinlichkeiten für zwei identische Geburtstage für verschiedene Gruppengrößen einfach einmal aus, angefangen bei der kleinsten Gruppe von der Größe zwei (wobei ich zunächst der Einfachheit halber den 29. Februar weglasse und unterstelle, daß alle Tage des Jahres als Geburtstag gleich wahrscheinlich sind). Hier ist die Wahrscheinlichkeit für zwei identische Geburtstage genau $1/365$: Unabhängig vom Geburtstag der ersten Person hat die zweite immer eine Chance unter 365, genau den gleichen Tag zu treffen, und da alle Tage gleich wahrscheinlich sind, beträgt die Wahrscheinlichkeit dafür genau $1/365$ oder rund 0,3 Prozent.

Bei mehr als zwei Personen in der Gruppe wird die Sache komplizierter. Hier hilft der gleiche Trick, mit dem wir weiter oben schon die Wahrscheinlichkeit berechnet haben, daß ein Los in einer Tombola zu seinem Spender zurückfindet: Für die Wahrscheinlichkeit, daß mindestens zwei Personen in einer Gruppe den gleichen Geburtstag haben, können wir genausogut auch fragen: Mit welcher Wahrscheinlichkeit sind alle Geburtstage verschieden? Denn da diese Ereignisse sich gegenseitig ausschließen, aber eines davon auf jeden Fall eintritt, ist die Wahrscheinlichkeit für das eine immer eins weniger die Wahrscheinlichkeit für das andere.

Mit welcher Wahrscheinlichkeit sind also bei drei Personen alle Geburtstage verschieden?

Nun, die erste Person hat freie Wahl, die zweite hat bei jedem Geburtstag der ersten noch die Auswahl unter 364 von 365 Tagen, und die dritte kann noch unter 363 Tagen wählen. Mit anderen Worten, die Wahrscheinlichkeit für drei verschiedene Geburtstage ist

$$\frac{365}{365} \times \frac{364}{365} \times \frac{363}{365} = 0{,}991 = 99{,}1 \text{ Prozent.}$$

Die Wahrscheinlichkeit des Gegenteils, also daß mindestens zwei Personen den gleichen Geburtstag haben, ist demnach 0,9 Prozent.

Genauso rechnen wir auch die Wahrscheinlichkeit für mindestens zwei identische Geburtstage bei mehr als drei Personen aus. Die folgende Tabelle zeigt das Resultat:

Gruppengröße	Wahrscheinlichkeit, daß alle Geburtstage verschieden	Wahrscheinlichkeit für mindestens zwei gleiche Geburtstage
2	99,7%	0,3%
3	99,1%	0,9%
4	98,4%	1,6%
5	97,3%	2,7%
⋮	⋮	⋮
20	58,9%	41.1%
21	55,6%	44,4%
22	52,4%	47,6%
23	49,3%	50,7%
⋮	⋮	⋮
30	29,4%	70,6%
40	10,9%	89,1%
50	3,0%	97,0%

Wir sehen, daß es schon bei vierzig Personen sehr unwahrscheinlich ist, daß *keine* zwei am gleichen Tag Geburtstag haben, und bei fünfzig Personen sinkt diese Wahrscheinlichkeit auf ganze drei Prozent. Ab solchen Gruppengrößen kann man also fast sicher davon ausgehen, mindestens zwei identische Geburtstage zu finden.

»Aber was ist, wenn die Geburtstage nicht alle gleich wahrscheinlich sind?« höre ich jetzt jemand sagen. »Dann ist doch offenbar die Wahrscheinlichkeit für zwei gleiche Geburtstage viel kleiner.«

Nein, ist sie nicht. Denn eine ungleiche Verteilung der Geburtstage kann die Wahrscheinlichkeit für zwei identische Geburtstage nur erhöhen! Im Extremfall, daß alle Menschen am gleichen Tag geboren sind, ist das auch leicht einzusehen: Dann finden wir *immer* zwei identische Geburtstage, ganz gleich, wie groß die Gruppe ist. Aber auch für andere ungleiche Verteilungen ist dieses Ansteigen der Wahrscheinlichkeiten nicht schwer nachzuweisen.

»Okay, und was ist mit dem 29. Februar? Kann der vielleicht die schöne Rechnung ruinieren?«

Nur minimal. Wenn wir die obigen Wahrscheinlichkeiten mit 366 statt mit 365 Tagen neu berechnen, erhalten wir wieder ab der gleichen Gruppengröße dreiundzwanzig eine Wahrscheinlichkeit von mehr als fünfzig Prozent für mindestens zwei identische Geburtstage, wobei die konkreten Wahrscheinlichkeiten sich nur um 0,1 Prozentpunkte unterscheiden.

*

Bei drei statt zwei identischen Geburtstagen wird die Sache etwas komplizierter. Aber auch hier sind die Wahrscheinlichkeiten größer als die meisten glauben: Bei zwanzig Personen noch kleiner als ein Prozent, bei vierzig Personen schon 6,7 Prozent, bei sechzig Personen 20,7 Prozent, bei achtzig Personen 41,8 Prozent und bei hundert Personen 64,6 Prozent. Ab einer Gruppengröße von 88 wird hier die Wahrscheinlichkeit, daß mindestens drei davon am gleichen Tag Geburtstag haben, größer als die Wahrscheinlichkeit, daß dies nicht geschieht.

Noch allgemeiner kann man fragen: »Wie groß muß eine Gruppe sein, damit mit einer Wahrscheinlichkeit von mehr als fünfzig Prozent mindestens vier, fünf, sechs oder sonstwieviele Personen am gleichen Tag Geburtstag haben?« Die Antwort für zwei und drei Personen kennen wir bereits: dreiundzwanzig bzw. achtundachtzig; die Tabelle auf der gegenüberliegenden Seite zeigt die nötigen Gruppengrößen auch für andere Zahlen.

Wie wir sehen, brauchen wir selbst für neun identische Geburtstage, also für ein auf den ersten Blick doch sehr verblüffendes Ereignis, noch nicht einmal tausend Menschen, um dieses Ereignis wahrscheinlicher zu machen als sein Gegenteil. Oder anders ausgedrückt, in mehr als der Hälfte aller deutschen Schulen mit mehr als tausend Schülern werden mindestens neun Schüler oder Schülerinnen am gleichen Tag Geburtstag haben.

Soviele Menschen haben am gleichen Tag Geburtstag	Soviele Menschen brauchen wir mindestens für eine Wahrscheinlichkeit von mehr als 50 Prozent
2	23
3	88
4	187
5	313
6	460
7	623
8	798
9	985
10	1181
11	1385
12	1596
13	1813

Literatur: Persi Diaconis und Frederick Mosteller: »Methods for studying coincidences«, Journal of the American Statistical Association 84, 1989, 853-861; Georg Schrage: »Ein Geburtstagsproblem«, Stochastik in der Schule 1992, Heft 2, 30-36; Thomas N. Nunnikhoven: »A birthday problem solution for nonuniform birth frequencies«, The American Statistician 1992, 270-274; Werner Blum und Arnold Kirch: »Elementare Behandlung des sogenannten Geburtstagsproblems«, Praxis der Mathematik 1/36, 1994, 7-10.

2. Kapitel

Auch Irrfahrten haben ihre Regeln

»Wir werden bestimmten theoretischen Konklusionen begegnen, die nicht nur unerwartet sind, sondern unsere Intuition und unseren gesunden Menschenverstand regelrecht schockieren.«

William Feller: An introduction to probability theory and its applications

Ein populärer Trugschluß zum Gesetz der Großen Zahl

Die seltenste Zahl beim deutschen Samstagslotto ist die 13. In den ersten zweitausend Ausspielungen wurde sie weniger als zweihundertmal gezogen, die 32 als die bis dato häufigste Zahl dagegen fast dreihundertmal, und deshalb kreuzen viele Lottospieler gern die 13 an; sie denken so:

»Jede Lottozahl kommt in 49 Ziehungen im Durchschnitt sechsmal vor, in zweitausend Ziehungen also rund 250 mal, und deshalb muß die 13 sich etwas beeilen.«

Auch in Spielkasinos kann man häufig solche Argumente hören: es ist mehrmals in Folge Rot gefallen, also kommt jetzt Schwarz. »Denn da Schwarz auf lange Sicht genauso häufig fällt wie Rot, hat Schwarz jetzt einen Rückstand aufzuholen.«

»Als die Umstehenden mich fortdauernd auf Rot setzen sahen, riefen sie, das sei sinnlos; Rot sei schon vierzehnmal gekommen«, berichtet Dostojewskis *Spieler.* »Man könnte ja zum Beispiel glauben, daß nach sechzehnmal Rot nun beim siebzehnten Mal sicher Schwarz kommen werde. Auf diese Farbe stürzen sich daher die Neulinge scharenweise, verdoppeln und verdreifachen ihre Einsätze und verlieren in schrecklicher Weise.«

Denn in Wahrheit haben die Kugeln bei Lotto und Roulette »weder Gewissen noch Gedächtnis«, so der Mathematiker Joseph Bertrand, sie fallen immer mit den gleichen Wahrscheinlichkeiten, ganz egal, was vorher war, ob dreimal Rot oder zehnmal Rot, ob oft die 13 oder nie. Selbst nach hundertmal Rot bleibt die Wahrscheinlichkeit für Schwarz 1/2; sie wird nicht einen Millimeter größer oder kleiner, genausowenig wie die 13 beim Lotto künftig öfter fällt.

*

Daß trotzdem viele Menschen anders denken, liegt am Gesetz der Großen Zahl. Dieses berühmte Gesetz der Großen Zahl besagt, daß bei vielen unabhängigen Wiederholungen eines Zufallsexperiments, sei es Münzwurf, Würfeln, Lotto, Kartenspielen oder was auch immer, die relative Häufigkeit und die Wahrscheinlichkeit eines Ereignisses immer näher zusammenrücken müssen: Je häufiger wir eine faire Münze werfen, desto näher kommt der Anteil von »Kopf« seiner Wahrscheinlichkeit von 1/2, je häufiger wir würfeln, desto näher kommt der Anteil der Sechsen der Wahrscheinlichkeit für Sechs, und je häufiger wir Lotto spielen, desto näher kommt die relative Häufigkeit der 13 der Wahrscheinlichkeit der 13. An diesem Gesetz gibt es nichts herumzudeuteln, dieses Gesetz ist in gewisser Weise die Krönung der gesamten Wahrscheinlichkeitstheorie.

Daraus folgt aber nicht, und das wird immer wieder übersehen, daß auch die *absolute* Anzahl von »Kopf« oder »Dreizehn« oder »Sechs« (oder irgendeines anderen zufälligen Ereignisses) dem jeweiligen theoretischen Wert immer näher rücken muß. Genau das Gegenteil ist wahr. Die absolute Häufigkeit für »Kopf« oder »13« oder »Sechs« wird sich ganz im Gegenteil und mit großer Wahrscheinlichkeit immer weiter von der Zahl entfernen, die man nach der Theorie erwarten muß!

Das erscheint vielen als ein Widerspruch, ist es aber nicht. Sehen wir uns das beim Würfeln einmal näher an. Hier fällt jede Zahl mit einer Wahrscheinlichkeit von 1/6. Insbesondere muß dann nach dem Gesetz der Großen Zahl die Gesamtzahl der gewürfelten Sechsen, geteilt durch die Zahl der Würfe überhaupt, mit wachsender Zahl der Würfe immer näher bei 1/6 liegen (und dito für die Eins, Zwei, Drei etc.; wir bleiben aber der Konkretheit halber bei der Sechs).

Und das tut sie auch mit Sicherheit, ob wir es glauben oder nicht. Am besten probieren Sie es selber einmal aus.

Hier ist das Ergebnis meines eigenen Experiments, die ersten sechzig von insgesamt sechstausend Würfen, von mir selber durchgeführt:

Wurf	Ergebnis	Anzahl »Sechs«	Anteil »Sechs«
1	4	0	0.0000
2	3	0	0.0000
3	6	1	0.3333
4	6	2	0.5000
5	2	2	0.4000
6	4	2	0.3333
7	6	3	0.4286
8	1	3	0.3750
9	6	4	0.4444
10	6	5	0.5000
11	3	5	0.4545
12	1	5	0.4167
13	3	5	0.3846
14	6	6	0.4286
15	1	6	0.4000
16	2	6	0.3750
17	1	6	0.3529
18	3	6	0.3333
19	5	6	0.3158
20	1	6	0.3000
21	2	6	0.2857
22	2	6	0.2727
23	1	6	0.2609
24	2	6	0.2500
25	4	6	0.2400
26	6	7	0.2692

27	1	7	0.2593
28	1	7	0.2500
29	4	7	0.2414
30	4	7	0.2333
31	4	7	0.2258
32	2	7	0.2188
33	6	8	0.2424
34	1	8	0.2353
35	5	8	0.2286
36	2	8	0.2222
37	6	9	0.2432
38	2	9	0.2368
39	2	9	0.2308
40	2	9	0.2250
41	3	9	0.2195
42	4	9	0.2143
43	5	9	0.2093
44	2	9	0.2045
45	4	9	0.2000
46	2	9	0.1957
47	4	9	0.1915
48	1	9	0.1875
49	4	9	0.1837
50	4	9	0.1800
51	4	9	0.1765
52	3	9	0.1731
53	2	9	0.1698
54	6	10	0.1852
55	2	10	0.1818
56	6	11	0.1964
57	3	11	0.1930
58	3	11	0.1897
59	2	11	0.1864
60	3	11	0.1833

Wie wir sehen, fängt die Serie gleich gut an: zwei Sechsen bei den ersten vier Würfen, fünf Sechsen bei den ersten zehn. Das ist ein Anteil von ½ und damit weit mehr als die Theorie erlaubt. Doch dann werden die Sechsen seltener, und nach sechzig Würfen sind wir bei 18,3 Prozent Sechsen, also schon sehr nahe bei dem theoretischen Grenzwert von ⅙ = 16,6... Prozent angelangt.

Ähnliche Zahlen können auch Sie selbst in einer Muße-Viertelstunde sehr schnell erzeugen – Sie werden sehen, daß auch für jede andere Serie von unabhängigen Würfen die Anteile für »Sechs« (und dito die Anteile für »Eins«, »Zwei«, »Drei« etc.) unweigerlich dem Grenzwert $^1/_6$ zustreben, mal langsamer, mal schneller, aber irgendwann, wenn Sie nur oft genug würfeln, kommt der Anteil der Sechsen seinem theoretischen Grenzwert beliebig nahe.

Das heißt aber nicht, daß auch der *absolute Abstand* der insgesamt gewürfelten Sechsen vom sechsten Teil der Gesamtwurfzahl notwendig immer kleiner werden muß. In meinem eigenen Experiment z.B. hatte ich nach sechzig Würfen insgesamt elf Sechsen, eine mehr als nach der reinen Theorie. Nach sechshundert Würfen hatte ich 91 Sechsen, neun weniger als nach der reinen Theorie. Und nach sechstausend Würfen, also am Ende meines Experimentes, hatte ich zusammen 980 Sechsen, also sogar zwanzig weniger als nach der reinen Theorie – mit anderen Worten, die Abstände zwischen theoretischen und tatsächlichen absoluten Häufigkeiten nehmen durchweg zu!

Trotzdem nehmen die Abstände der *relativen* Häufigkeiten von den theoretischen Wahrscheinlichkeiten ab, denn $^{980}/_{6000}$ liegt näher an $^1/_6$ als $^{91}/_{600}$, und dieses liegt näher an $^1/_6$ als $^{11}/_{60}$ – die absoluten Abstände werden immer größer, und die relativen Abstände werden immer kleiner. Eine Gesamtzahl von 980 Sechsen bei sechstausend Würfen, obwohl ganze zwanzig Wurf vom Ziel entfernt, entspricht einem Anteil von $^{980}/_{6000}$ = 16,33... Prozent, also fast ein Volltreffer.

*

Diese gleichzeitige Zunahme des absoluten und Abnahme des relativen Abstands ist keine Besonderheit meines eigenen Experiments, sondern eine allgemeine Eigenschaft von Zufallsfolgen: daß nämlich der Abstand der absoluten Zahlen von ihren theoretischen Werten sich nicht nur weigert, zu verschwinden, sondern in aller Regel sogar *wächst*: Wenn wir viermal öfter würfeln, verdoppelt sich der durchschnittliche absolute Abstand, wenn wir hundertmal öfter würfeln, wird der durchschnittliche absolute Abstand zehn-

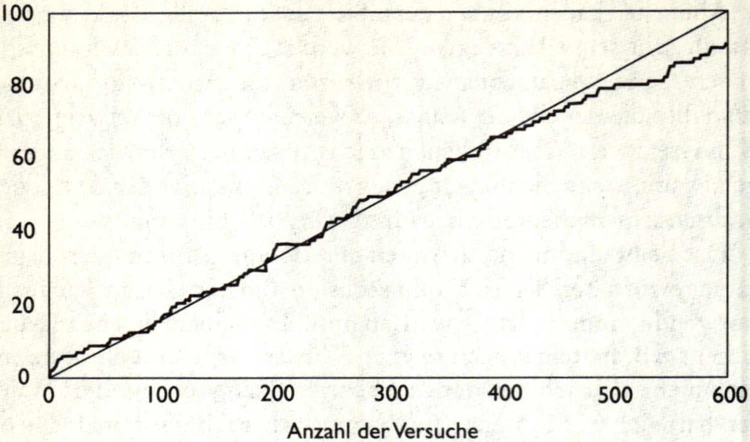

Abb. 2.1: Die absoluten Häufigkeiten driften immer weiter von ihren theoretischen Werten weg

mal größer, wenn wir eine Million mal öfter würfeln, wird er tausendmal größer usw. (für Experten: der mittlere Abstand zwischen der tatsächlichen und der theoretischen Anzahl der Sechsen wächst wie die Wurzel aus der Zahl der Würfe).

Die Schaubilder 2.1 und 2.2 stellen diesen Sachverhalt auch bildlich dar. Das erste zeigt die theoretische und die tatsächliche

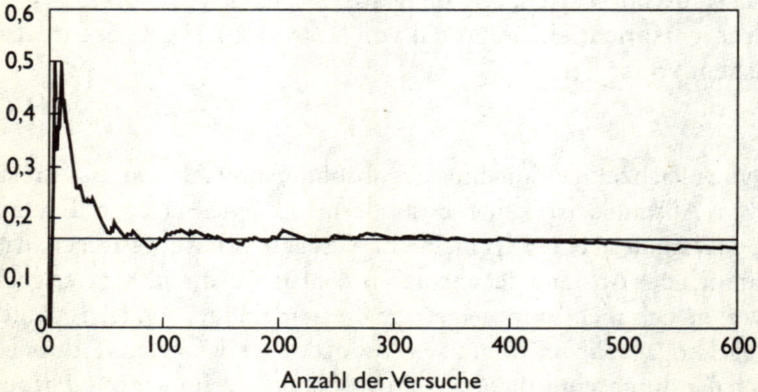

Abb. 2.2: Die relativen Häufigkeiten streben dennoch einem Grenzwert zu

Gesamtzahl der Sechsen bei meinen ersten sechshundert Würfen, das zweite die relativen *Anteile*; wir sehen, wie die absolute Anzahl der Sechsen peu à peu von ihrem theoretischen Wert wegdriftet, der Anteil aber dennoch wie magnetisch angezogen dem Grenzwert $1/6$ zustrebt.

Bei näherem Hinsehen ist dieses Phänomen auch überhaupt nicht überraschend. Betrachten wir etwa in Abb. 2.3 die Punkte A und B und ihren Abstand von der durchgezogenen Geraden; wir sehen, daß dieser Abstand für B größer ist als für A. Aber der relative Abstand zur Geraden, etwa gemessen durch den Winkel zwischen durchgezogener und gestrichelten Linien, ist für B kleiner als für A, und so gesehen ist es überhaupt kein Wunder, daß wachsende absolute und schrumpfende relative Abstände friedlich zusammenleben können.

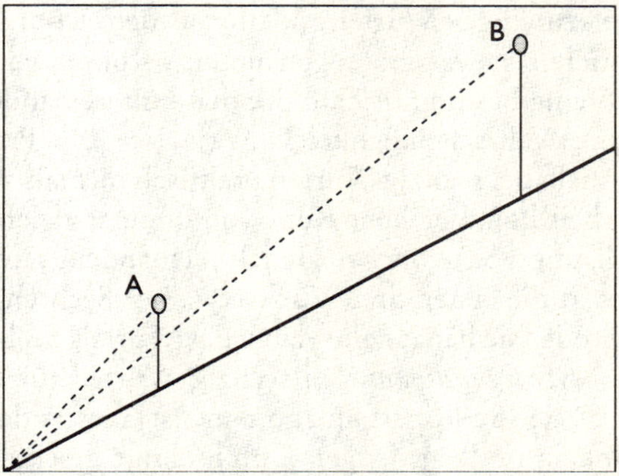

Abb. 2.3: Der absolute Abstand wächst, der relative Abstand schrumpft

Literatur: H.J. Benz: »Hat die Münze doch ein Gedächtnis?«, Der Mathematikunterricht 29, 1983, 8-10; Georg Schrage: »Stochastische Trugschlüsse«, Mathematica Didactica 7, 1984, 3-19.

Muster in Zufallsfolgen oder der Affe und das Neue Testament

Die sechstausend Würfelresultate des letzten Abschnitts sind das Ergebnis von sechstausend Zufallsexperimenten. Sie bilden damit eine Folge von Zufallsvariablen oder, wie die Mathematiker sagen, einen stochastischen Prozeß. Solche stochastischen Prozesse haben eine Reihe von recht paradoxen Eigenschaften wie etwa gewisse Regelmäßigkeiten, die man in einer Folge von rein zufälligen Variablen nie vermuten würde.

Zum Beispiel kommen identische Zahlen beim Würfeln viel öfter in Serien vor als viele glauben: Bei meinen oben aufgelisteten sechzig Versuchen passierte es fünfmal, daß eine Zahl zweimal hintereinander kam, und dreimal, daß dieselbe Zahl dreimal hintereinander folgte. Das kommt vielen Menschen spanisch vor – wenn sie »zufällige« Würfelresultate aus dem Kopf »erfinden« sollen, notieren sie solche sogenannten »Runs« weit seltener. »Denn daß eine bestimmte Zahl dreimal hintereinander auftritt, hat nur eine Wahrscheinlichkeit von $(1/6)^3 = 0{,}46$ Prozent und kommt deshalb bei sechzig Würfen praktisch niemals vor.«

In Wahrheit kommen aber Runs von dreimal gleichen Zahlen durchaus häufig vor. Zwar würde ich niemandem raten zu wetten, daß exakt die ersten drei Würfe etwa nur Sechsen zeigen (es sei denn, er oder sie hat auf alle Seiten des Würfels Sechsen aufgemalt), aber daß *irgendwann* bei sechzig Würfen für *irgendeine* Zahl eine Dreier-Serie zustandekommt, ist alles andere als unwahrscheinlich; im langfristigen Durchschnitt geschieht das alle 43 Würfe. Und die gleiche Zahl zweimal hintereinander kommt sogar im Durchschnitt alle sieben Würfe vor. (Insofern liegen wir in unserem obigen Experimenten mit den Dreier-Runs oberhalb und mit den Zweier-Runs unterhalb der Zielvorgabe, was aber nichts bedeuten muß).

Genauso enthält auch das bestgemischte Kartenspiel meistens eine Folge von sechs oder sieben Karten derselben Farbe, oder beobachtet man im Spielkasino oft lange Serien von Rot oder Schwarz. Auch wenn es äußerst unwahrscheinlich ist, daß man sich an einen Spieltisch setzt und sagt: »Jetzt kommt zehnmal Rot«, und es kommt tatsächlich zehnmal Rot: Daß an *irgendeinem* Spieltisch *irgendwann* im Lauf des Abends zehnmal Rot erscheint, ist durchaus nichts Seltenes.

Denn der Zufall malt nicht grau in grau, sondern eher bunt. Zur Illustration habe ich einmal die vierhundert Felder des folgenden 20 × 20-Schachbretts (Abb. 2.4) rein zufällig schwarz und weiß gemalt: weiß mit einer Wahrscheinlichkeit von $^1/_2$, und schwarz mit einer Wahrscheinlichkeit von $^1/_2$, und das für alle Felder unabhängig voneinander.

Das Ergebnis ist aber kein grauer Einheitsbrei. Wie wir sehen, verteilen sich die schwarzen Felder durchaus ungleichmäßig, und mit etwas Phantasie kann man sogar die eine oder andere Figur erkennen:

Abb. 2.4: Der Zufall ist nicht monoton, sondern gescheckt

Noch besser wirkt das Ganze natürlich in Farbe. Da zum Abdrucken zu teuer, kann ich hier kein Beispiel bringen, aber das kann jeder zu Hause auch sehr leicht selber machen: Ein zwanzig-mal-zwanzig Quadrat auf weißes Papier gezeichnet, oder einfach ein kariertes Blatt aus einem Rechenheft genommen, vierhundert Kästchen zufällig rot oder grün bemalt – etwa durch Münzwurf entschieden: Kopf = grün, Zahl = rot – fertig. Sie werden staunen, welche Muster so zustande kommen.

Die gleichen zufälligen Farbmuster kann man auch mit einer Glasflasche voller roter und grüner Klicker erzeugen: Nach einem guten Schütteln zeigt sich an der Wand der Flasche nicht das erwartete homogene Farbgemisch, sondern ein mehr oder weniger schönes Mosaik aus unterschiedlich großen roten Häufchen, durchsetzt von ebensolchen Haufen Grün.

*

Im dritten Buch von Gullivers Reisen berichtet Jonathan Swift von einem ähnlichen Experiment, dem sein Held, der Seemann Lemuel Gulliver, in der Großen Akademie des Fabellandes Lagoda zusehen darf. Dort gehen die Gelehrten allen möglichen Hirngespinsten nach: einer will Sonnenstrahlen aus Gurken ziehen (die in hermetisch verschlossenen Behältern lagern und in rauhen, unfreundlichen Sommern herausgelassen werden sollen, um die Luft zu wärmen), einer Exkremente in Nahrungsmittel rückverwandeln, einer Häuser bauen, »indem man mit dem Dach anfing und dann bis zum Fundament nach unten baute«, einer zeigen, »daß die Welt so lange in dem verhängnisvollen Irrtum befangen gewesen sei, Seidenraupen zu benutzen, während wir doch eine solche Menge von Hausinsekten besäßen, welche die ersteren außerordentlich überträfen«, einer Ackerland mit Spreu bestellen, »in der, so versicherte er mir, die wahre Keimkraft enthalten sei, wie er durch verschiedene Experimente bewiesen habe«, einer will die Luft verfestigen, einer Marmor zu Kopfkissen erweichen, und einer schließlich versucht etwas zu fabrizieren, was im Gegensatz zu den Projekten seiner Kollegen durchaus möglich ist, nämlich rein durch Zufall alle Wissenschaften nochmals zu erfinden.

»Der ... Professor, den ich sah, befand sich in einem sehr großen Zimmer und war von vierzig Schülern umgeben. Nach der Begrüßung bemerkte er, daß ich angelegentlich einen Rahmen betrachtete, der den größten Teil der Länge und Breite des Zimmers einnahm, und sagte, ich wundere mich vielleicht, ihn mit einem Projekt zur Förderung der spekulativen Erkenntnis durch praktische und technische Verfahren beschäftigt zu sehen. Die Welt werde sich aber bald ihrer Nützlichkeit bewußt werden, und er schmeichle sich, daß nie ein edlerer, erhabenerer Gedanke dem Kopfe irgendeines Menschen entsprungen sei. Jedermann wisse, wie mühevoll die gewöhnliche Methode sei, Kenntnisse auf dem Gebiet der Geistes- und Naturwissenschaften zu erwerben; dagegen könne durch seine Erfindung auch die unwissendste Person mit mäßigem Kostenaufwand und ein bißchen körperlicher Arbeit auch ohne die geringste Hilfe von Begabung oder Studium Bücher über Philosophie, Poesie, Politik, Recht, Mathematik und Theologie schreiben.«

Der Rahmen »war zwanzig Fuß im Quadrat und stand in der Mitte des Zimmers. Die Oberfläche setzte sich aus verschiedenen Holzstücken von etwa der Größe eines Würfels zusammen, aber einige waren größer als andere. Sie waren alle durch dünne Drähte miteinander verbunden. Diese Holzstücke waren an jeder Seite mit Papier beklebt, und auf diese Papiere waren alle Wörter ihrer Sprache in ihren verschiedenen Modi, Tempora und Deklinationen geschrieben, aber ohne jede Ordnung. Der Professor bat mich dann achtzugeben, denn er wolle seinen Apparat in Betrieb setzen. Die Schüler ergriffen auf seinen Befehl alle je eine eiserne Kurbel, von denen vierzig rundherum an den Kanten des Rahmens befestigt waren, und dadurch, daß sie diese plötzlich drehten, wurde die ganze Anordnung der Wörter völlig verändert. Dann befahl er sechsunddreißig von den Burschen, die verschiedenen Zeilen zu lesen, wie sie auf dem Rahmen erschienen. Und wo sie drei oder vier Wörter beisammen fanden, die einen Teil eines Satzes bil-

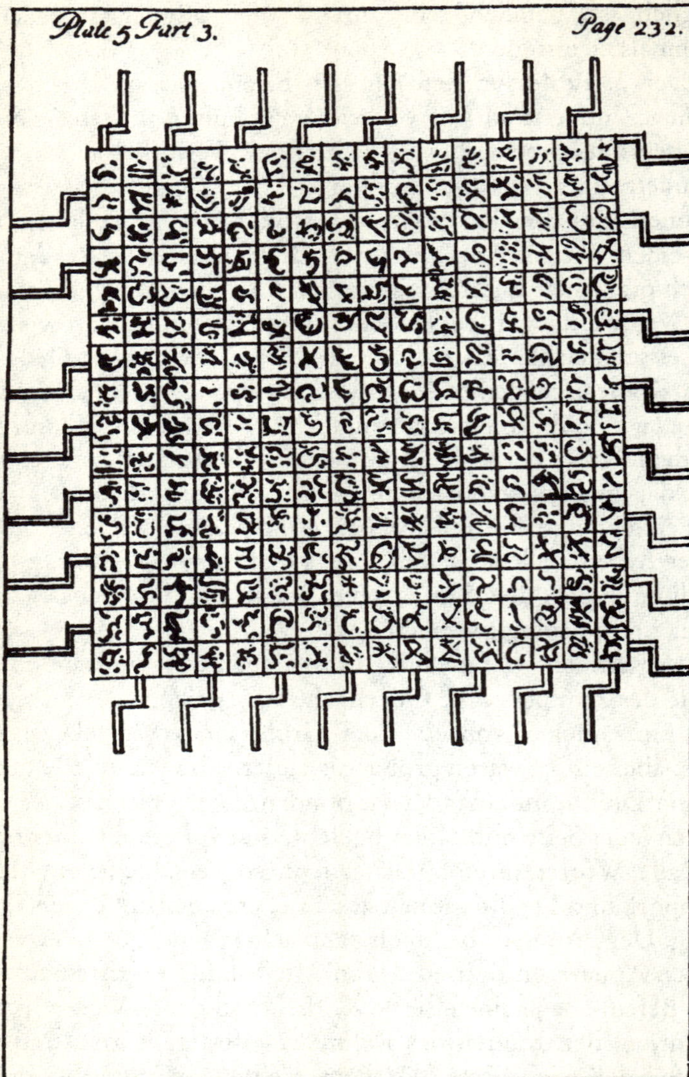

Abb. 2.5: Die große Literatur-Maschine in der Akademie der spekulativen Wissenschaften zu Lagoda

den konnten, diktierten sie diese den vier übrigen Knaben, die Schreiber waren.«

»Sechs Stunden am Tag«, berichtet Gulliver, »waren die jungen Studenten mit dieser Arbeit beschäftigt, und der Professor zeigte mir mehrere Bände in großem Folioformat mit unvollständigen Sätzen, die sie bereits gesammelt hatten. Er hatte die Absicht, sie zusammenzusetzen und der Welt aus diesem reichen Material ein vollständiges System aller Geistes- und Naturwissenschaften zu liefern, daß sich jedoch noch verbessern und viel schneller aufstellen ließe, wenn die Öffentlichkeit einen Fonds zur Herstellung und Inbetriebnahme von fünfhundert solcher Rahmen in Lagado aufbringen und die Leiter verpflichten würde, ihre verschiedenen Sammlungen zu einer gemeinschaftlichen beizusteuern.«

*

Solche Zufallsexperimente können, anders als Swift und mit ihm viele Menschen glauben, durchaus zu sinnvollen Ergebnissen führen. Nehmen wir etwa die Anfangsbuchstaben der zwölf Monate:

J F M A M J J A S O N D

Hier sehen wir den Namen »Jason« eingebaut. Oder nehmen wir die Anfangsbuchstaben der neun Planeten, in der Reihenfolge der Entfernung von der Sonne:

M V E M J S U N P

Und was sehen wir? Die Sonne selbst (auf englisch Sun).

Aber warum das Ganze nicht wie der wackere Professor aus Lagoda systematisch betreiben? Dazu habe ich einmal meinen Computer angewiesen, vierhundert Buchstaben zufällig und unabhängig voneinander auszudrucken, mit Wahrscheinlichkeiten entsprechend den Häufigkeiten in der deutschen Sprache, und wie wir anhand des auf der nächsten Seite abgedruckten Sprachsalates sehen, können wir in dem Ergebnis durchaus die eine oder andere Bedeutung wiederfinden, erst recht, wenn wir auch andere Sprachen als Deutsch erlauben:

EWASYCSEOIIDUUMBGNSSLLAMBEDRGMXJEAAGEDSC
QRUGIULTULGPUEQLSMWHEMHUIJALIUDRPICAKMAV
MSKMUWOWEEPSHKEANEOSSXNIBITCELRLVNENHSOU
GGSRTDCGGSUKKVQBGUIIGKCOJKPPSMIJSSGARGHP
SXFMIMRSNDAGBSGAWEOXLMEINRVBOSGDGARFAHJE
IFULSBUBKKEJEUKNEFDGLUGRUFULOMGEFPKHDUVA
DFNOPLAUEKLIBXNABYALEMKPIOMRFNNBNPPPBAPQ
WAEIMIKKKHHOAPLETYCNBNIRIKUAHQPEEESYEEGK
ASDUDEENKFAGSESRHJAOOBMBCLSSAOULGUWERFDH
HEUHJSMCIAJIROEIRBESEDNQRANEKAOQSBQEBGEK

Bestimmte Worte finden wir in solchen zufälligen Buchstabenfolgen natürlich seltener – die Wahrscheinlichkeit, darin etwa meinen Namen Walter Krämer zu finden, ist natürlich viel kleiner als die, *irgendein* sinnvolles Wort oder *irgendeine* sinnvolle Wortkombination zu finden; aber auch diese Wahrscheinlichkeit ist größer als Null, und worauf es vor allem ankommt, sie wird mit zunehmender Länge des Zufallstextes immer größer.

Wenn ich etwa alle Buchstaben unabhängig voneinander mit einer Wahrscheinlichkeit von $^1/_{26}$ wähle und »ä« als »ae« schreibe, beträgt die Wahrscheinlichkeit, daß eine zufällige Kette von 26 Zeichen meinen eigenen Namen ergibt, genau $(^1/_{26})^{13}$ oder in Worten ausgedrückt fast Null (und in der Tat beginnt ja auch der obige Text nicht mit WALTER sondern mit EWASYC). Die Wahrscheinlichkeit, daß mein Name in einem doppelt so langen Zufallstext erscheint, ist aber schon größer, konkret: sie ist größer als

$$1 - (1 - (1/26)^{13})^2,$$

wie man sich leicht klarmacht, wenn man zuerst überlegt, mit welcher Wahrscheinlichkeit mein Name *nicht* erscheint.

Ganz analog kann man sich überzeugen, daß die Zeichenfolge WALTER KRAEMER in einem dreimal so langen Zufallstext mindestens mit einer Wahrscheinlichkeit von

$$1-(1-(1/26)^{13})^{3},$$

und in einem zehnmal so langen Zufallstext mindestens mit einer Wahrscheinlichkeit von

$$1-(1-(1/26)^{13})^{10}.$$

erscheint usw.

Diese Ausdrücke werden aber immer größer, sie nähern sich, langsam aber unaufhaltsam, einem Grenzwert von 1, d.h. in einem hinreichend langen Zufallstext wird irgendwo todsicher auch mein Name stehen!

Aber warum mit »Walter Kraemer« aufhören? Nehmen wir einen längeren Text, etwa das »Vater Unser« mit 290 Buchstaben. Die Wahrscheinlichkeit, daß ein Zufallstext von 290 Buchstaben das »Vater Unser« ist, beträgt

$$(1/26)^{290},$$

also fast Null. Die Wahrscheinlichkeit, daß ein doppelt so langer Zufallstext das »Vater Unser« irgendwo als ungestörte Textsequenz enthält, ist aber schon größer als

$$1-(1-(1/26)^{290})^{2},$$

und die Wahrscheinlichkeit, daß ein zehnmal so langer Zufallstext das Vater Unser irgendwo enthält, ist größer als

$$1-(1-(1/26)^{290})^{10},$$

und auch dieser Ausdruck strebt gegen den Grenzwert 1! Auch die Wahrscheinlichkeit für das Vater Unser wird beliebig groß!

Und das ist nun wirklich sehr verblüffend. Denn was für das Vater Unser gilt, gilt auch für Schillers Lied von der Glocke und für Goethes Faust, und wir haben damit das durchaus beunruhigende Resultat, daß ein unsterblicher Schimpanse, den wir an eine Schreibmaschine setzen, todsicher irgendwann das Neue Testament geschrieben haben wird.

Literatur: Jonathan Swift: Ausgewählte Werke, Berlin 1967 (Aufbau Verlag); Martin Gardner: Gotcha – Paradoxien für den Homo Ludens, München 1985 (Hugendubel).

Random Walks und ewige Verlierer

Angenommen, ich wette eine Mark, daß bei einem fairen Münzwurf »Kopf« erscheint. Mein Gegner hält eine Mark dagegen, und das wiederholen wir hundertmal, so lange, bis die Kneipe schließt und wir nach Hause gehen. Wie lange habe ich bei diesem Spiel im Gesamtgewinn geführt?

»Das kommt drauf an«, heißt hier die häufigste Antwort. »An einem Abend warst Du vielleicht die ganze Zeit im Minus und hast am Schluß doch noch ganz knapp gewonnen. Ein anderes Mal warst Du die ganze Zeit in Führung, und dann wieder hat die Führung ständig abgewechselt. Also so allgemein kann man das ganz bestimmt nicht sagen.«

Fragen wir also präziser: »Wenn ich so rückblickend eine Reihe von Spiel-Sequenzen betrachte und überlege, wieviele Runden ich jeweils dabei in Führung lag, was war da am häufigsten? Immer, nie, die Hälfte, oder irgendwas dazwischen? Kommt es öfter vor, daß sich die Führung gleichmäßig verteilt, oder ist es häufiger, daß fast durchweg der gleiche Spieler führt?«

Hier muß man doch überhaupt nicht fragen, meinen manche, denn das ist doch sonnenklar: »Wenn ich hundertmal eine Münze werfe, so gewinne ich jedes Mal mit einer Wahrscheinlichkeit von $1/2$. Deshalb werde ich auch im Mittel über die Hälfte aller Runden beim Gesamtgewinn in Führung liegen.«

Das ist aber falsch. Genau das Gegenteil ist wahr. Daß bei diesem Glücksspiel einer der Kontrahenten genau fünfzig Runden führt, ist nicht die wahrscheinlichste, sondern die *unwahrscheinlichste* aller Möglichkeiten. Am wahrscheinlichsten ist, daß der letztendliche Sieger *immer* führt, und der letztendliche Verlierer *immer* zurückliegt. Entweder führe ich die ganze Zeit oder aber nie, entweder bin ich nie im Minus oder gleich von Anfang an.

Sehen wir uns dieses Paradox an einem einfachen Beispiel mit nur vier Runden einmal näher an: Ich werfe viermal eine faire Münze und setze jeweils eine Mark auf Zahl, mein Gegner eine Mark auf Kopf. Dann sind die folgenden 16 Sequenzen möglich sowie gleich wahrscheinlich (in Klammern dahinter die Zahl der Runden, die ich führe; bei Gleichstand geht die Runde an den, der vorher vorne lag).

1. K K K K (0)
2. K K K Z (0)
3. K K Z K (0)
4. K K Z Z (0)
5. K Z K K (0)
6. K Z K Z (0)
7. K Z Z K (2)
8. K Z Z Z (2)
9. Z K K K (2)
10. Z K K Z (2)
11. Z K Z K (4)
12. Z K Z Z (4)
13. Z Z K K (4)
14. Z Z K Z (4)
15. Z Z Z K (4)
16. Z Z Z Z (4)

Wir sehen: bei sechs der möglichen sechzehn Spielverläufe liege ich immer hinten, bei sechs der sechzehn liege ich immer vorn, und nur in vier von sechzehn Fällen führe ich über die Hälfte der Gesamtspieldauer und liege über die andere Hälfte zurück.

Mit wachsender Zahl der Runden wird dieses Ungleichgewicht noch größer: bei zwanzig Runden liege ich verglichen mit einer gleichmäßigen Aufteilung von Führung und Rückstand sechsmal so wahrscheinlich immer vorne oder immer hinten, und bei hundert Runden liege ich sogar rund zehnmal so wahrscheinlich immer vorne oder immer hinten – je länger die Serie, desto unwahrscheinlicher wird eine völlig gleichmäßige, verglichen mit einer völlig extremen Verteilung der Führungszeiten.

Im Grenzfall, wenn die Serien immer länger werden, wird die Wahrscheinlichkeit, daß ich insgesamt über einen Anteil x der Serie führe, proportional zu der Funktion (siehe Abb. 2.6)

$$f(x) = \frac{1}{\pi \sqrt{x\,(1-x)}}$$

und wegen der Verwandtschaft dieser Funktion mit der sogenannten »Arcussinus-Funktion« heißt dieses Phänomen auch »Arcussinus-Paradox«.

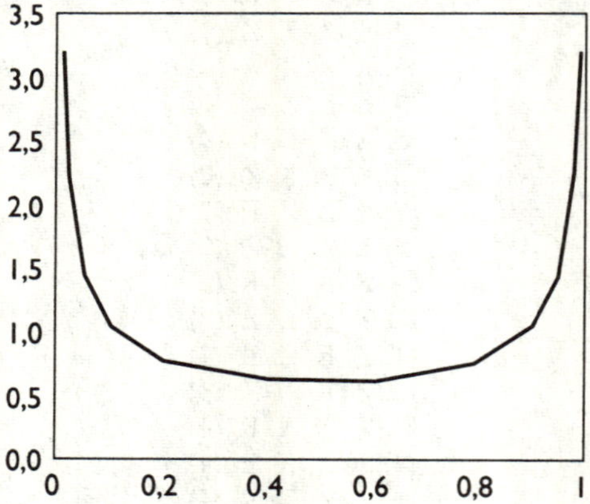

Abb. 2.6: Für lange Serien ist diese Funktion propotional zu der Wahrscheinlichkeit, daß ich über einen Anteil x der Gesamtspielzeit führe.

Meine kumulierten Gewinne bei diesem Würfelspiel bilden einen sogenannten »Random Walk«: bei jedem Schritt geht es mit einer Wahrscheinlichkeit von $1/2$ um eins nach oben und mit einer Wahrscheinlichkeit von $1/2$ um eins nach unten, und die sukzessiven Auf- und Abwärtsschritte sind unabhängig voneinander. Solche Random Walks haben noch eine ganze Reihe weiterer verblüffender Eigenschaften. Zum Beispiel ist die Wahrscheinlichkeit, daß ein Random Walk nach sagen wir genau zehn Schritten zum ersten Mal wieder zum Ausgangspunkt Null zurückkehrt, exakt genauso groß wie die Wahrscheinlichkeit, daß er in zehn

Schritten *niemals* zur Null zurückkehrt, und dito für zwanzig, dreißig, hundert oder tausend Schritte: die Wahrscheinlichkeit, danach genau am Ausgangspunkt zu landen, ist bis auf die letzte Kommastelle identisch mit der Wahrscheinlichkeit, bis dahin *nie* die Zeitachse zu kreuzen. Oder man kann zeigen, daß ein Random Walk vor der ersten Rückkehr zur Null jede beliebige Grenze im Durchschnitt genau einmal überschreitet, und andere seltsame Eigenschaften mehr, die solche Random Walks zu einem der faszinierendsten Objekte machen, welche die moderne Mathematik zu bieten hat.

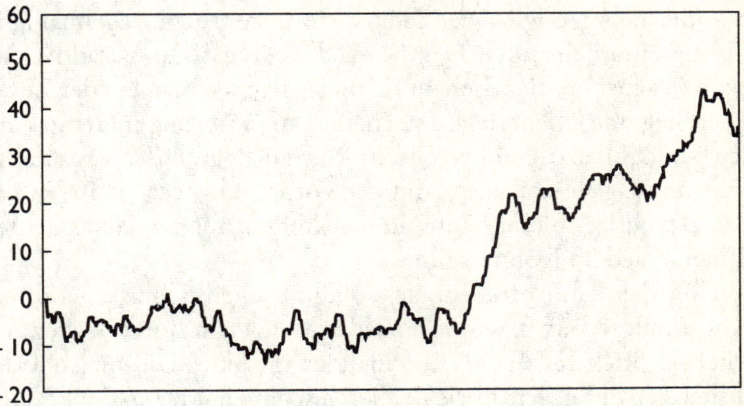

Abb. 2.7: Ein beispielhafter Random Walk: kumulierte Gewinne bei 1000 Münzwürfen

*

Statt »Wie lange habe ich geführt?« kann man bei diesem Würfelspiel auch fragen: »Wie oft hat die Führung abgewechselt?« Offensichtlich hängen diese Fragen eng zusammen. Wenn ich z.B. immer oder niemals führe, wechselt die Führung nie, und wenn ich die Hälfte der Spielzeit führe, muß die Führung zumindest einmal wechseln.

Am wahrscheinlichsten ist in solchen Zufallsfolgen, daß die Führung *niemals* wechselt, d.h. daß der letztendliche Gewinner *immer* führt; am zweitwahrscheinlichsten ist, daß die Führung einmal wechselt, am drittwahrscheinlichsten, daß sie zweimal wechselt, und so weiter, und das ist nicht nur mathematisch interessant, das berührt auch unser Alltagsleben. Nehmen wir etwa zwei gleich gute Schüler oder Schülerinnen, die sich in konkreten Tests nur per Zufall gegenseitig übertreffen. Dann sagt das Arcussinus-Paradox, daß trotz gleicher Begabung mit großer Wahrscheinlichkeit immer der- oder dieselbe in der Summe vorne liegt. Mit hoher Wahrscheinlichkeit hat immer die gleiche Person die bessere Durchschnittsnote, auch wenn beide Personen sich in Wahrheit überhaupt nicht unterscheiden.

Oder nehmen wir zwei Tennisprofis; sie treffen regelmäßig in Turnieren aufeinander. Dann sagt das Arcussinus-Paradox, daß auch bei absolut identischem Können, also wenn allein der Zufall über Sieg und Niederlage entscheidet, die Führung in der gesamten Matchbilanz kaum wechselt: Wer zu Beginn der Rivalität in Führung lag, bleibt häufig immer vorne, und wer zu Beginn in Rückstand lag, bleibt häufig immer hinten, auch wenn es keinen Unterschied im Können gibt.

Und das kann offenbar zu völlig falschen Schlüssen führen. Angenommen etwa, wir hören jedes Mal, wenn Boris Becker und Michael Stich im Tennis aufeinander treffen: »Die meisten der bisherigen Spiele hat Boris Becker gewonnen.« Dann denkt doch jeder unwillkürlich: »Na dann wird er auch dieses Mal gewinnen«, aber dieser Schluß ist falsch. Denn selbst wenn Becker jedes Spiel nur mit Wahrscheinlichkeit ein halb gewinnt und mit Wahrscheinlichkeit ein halb verliert, er kann sehr leicht, wie wir hier gesehen haben, in der Summe aller Spiele immer vorne liegen.

Literatur: Richard A. Epstein: The theory of gambling and statistical logic, New York 1967; William Feller: An introduction to probability theory and its applications, Band 1, 3. Auflage, New York 1968; Wolfgang Riemer: »Das Arcsin-Gesetz der Wahrscheinlichkeitsrechnung«, Der Mathematikunterricht 4/1989, 64-75; Gabor J. Székely: Paradoxa: Klassische und neue Überraschungen aus Wahrscheinlichkeitstheorie und mathematischer Statistik, Frankfurt 1990 (Deutsch).

3. Kapitel

Irrtum und Wahrscheinlichkeit im Alltag

»Die gemeinsten Meinungen und was jeder für ausgemacht hält, verdient oft am meisten untersucht zu werden.«

Georg Christoph Lichtenberg

Warum fahren Aufzüge so oft nach unten?

Mein Dienstzimmer am Fachbereich Statistik der Universität Dortmund befindet sich im zweiten Stock eines Hochhauses mit zehn Etagen. Der Dekan hat sein Zimmer im siebten Stock. Will ich in den siebten Stock, um ihn zu sprechen, fährt der erste Aufzug meistens an mir vorbei nach unten. Will ich dann wieder vom siebten Stock in mein eigenes Büro zurück, fährt auch hier der erste Aufzug prompt an mir vorbei, nur dieses Mal nach oben.

»Klar«, sagt Martin Gardners Mr. High. »Die Aufzüge werden im Keller produziert und dann vom Dach mit Hubschraubern abgeholt.«

»Blödsinn«, kontert Mrs. Low. »Die Aufzüge werden auf der Dachterrasse abgeladen und im Keller aufbewahrt.«

In Wahrheit stimmt natürlich weder das eine noch das andere. Angenommen, es gibt nur einen Aufzug, und der pendelt regelmäßig zwischen dem ersten und dem letzten Stock. Außerdem hält er immer dann, wenn jemand den Aufzugknopf bedient (also keiner der modernen Aufzüge, der nur dann hält, wenn man die richtige Richtung wählt). Dann *muß* der Lift in den unteren Etagen doch mehrheitlich von oben kommen! Im Erdgeschoß

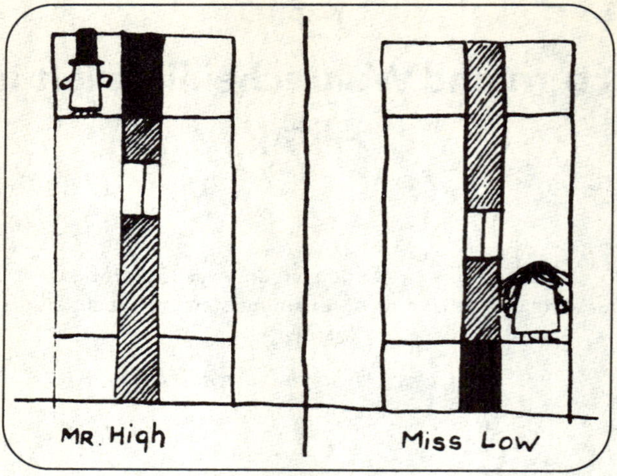

Abb. 3.1: In den unteren Etagen kommt der Aufzug meistens von oben, und in den oberen Etagen meistens von unten

kommt er sogar nur von oben (falls es keinen Keller gibt). In meiner eigenen Etage kommt er genau dann von oben, wenn er sich bei meiner Ankunft an der Lifttür zwischen den Etagen zwei bis zehn befindet. Von unten dagegen kann er nur kommen, wenn er sich gerade zwischen Erdgeschoß und zweitem Stock befindet. Daß er also im siebten Stock öfter von unten und im zweiten Stock öfter von oben kommt, ist alles andere als ungewöhnlich, das ist zu erwarten.

*

Ein weiterer Irrglaube in diesem Zusammenhang betrifft die mittlere Wartezeit, bis der erste Aufzug kommt. Angenommen, es gibt nur einen Aufzug, und der hält in Abständen von abwechselnd vierzig und zweihundert Sekunden bei mir im zweiten Stock. Wie lange muß ich dann im Durchschnitt auf den Aufzug warten?

»Kein Problem. Entweder ist der Aufzug unten unterwegs.

Das dauert vierzig Sekunden, und man wartet im Mittel zwanzig Sekunden. Oder der Aufzug ist oben unterwegs. Das dauert zweihundert Sekunden, und man wartet im Mittel hundert Sekunden. Also wartet man insgesamt im Mittel

$$(20 + 100)/2 = 60 \text{ Sekunden.«}$$

Das ist aber falsch; die wahre durchschnittliche Wartezeit ist größer. Denn ich gerate eher in das lange als in das kurze Intervall: Wenn der Aufzug nicht gerade in der zweiten Etage hält, ist er bei meiner Ankunft mit einer Wahrscheinlichkeit von 200/240 in den oberen und mit einer Wahrscheinlichkeit von 40/240 in den unteren Etagen unterwegs, ich muß viel öfter lange warten. Die wahre mittlere Wartezeit ist damit nicht das gewöhnliche arithmetische Mittel von zwanzig und hundert, sondern das sogenannte gewogene arithmetische Mittel

$$(200/240) \times 100 + (40/240) \times 20 = 86{,}7$$

– und das ist weitaus größer.

Ähnlich verrechnet man sich oft auch bei der mittleren Wartezeit auf einen Bus. Wenn diese, wie wir das aus Deutschland kennen, in festen Intervallen, etwa alle zehn Minuten, an der Haltestelle halten und ich zufällig dort eintreffe, warte ich im Durchschnitt fünf Minuten. Kommen die Busse aber abwechselnd in Intervallen von zehn und zwanzig Minuten, so warte ich im Durchschnitt nicht 7,5 Minuten, sondern

$$(1/3) \times 5 + (2/3) \times 10 = 8{,}33\ldots \text{ Minuten,}$$

weil ich nämlich auch hier mit größerer Wahrscheinlichkeit in ein langes als in ein kurzes Warteintervall gerate.

Nochmals anders sind die Wartezeiten, wenn es keinen Fahrplan gibt und die Busse nur *durchschnittlich* alle zehn Minuten kommen, wie man das etwa aus England kennt. Wenn Sie in London auf einen Bus warten, finden Sie an der Haltestelle oft den Hinweis »tagsüber alle zehn Minuten«, was heißt: »tagsüber *durchschnittlich* alle zehn Minuten.« Hier haben die Busfahrer keinen festen Plan, sie fahren einfach ihre Strecke ab. Zuweilen fahren zwei, drei Busse dicht hintereinander, zuweilen klafft zwischen den Bussen eine große Lücke, und das macht die Sache nochmals komplizierter. Denn wer dieses »durchschnittlich alle zehn Minuten« liest und denkt: »Aha, der nächste Bus muß dann bald kommen«, kann sich ganz gewaltig täuschen.

Bei zufälligen Warteintervallen hängt die mittlere Wartezeit nicht nur von der durchschnittlichen Länge, sonderen auch noch von der sogenannten Varianz, also von der Variabilität der Intervalle ab; sie wird mit wachsender Varianz der Intervalle immer größer, je mehr die Ankunftszeiten schwanken, desto länger müssen wir im Mittel warten.

Angenommen, die Busse kommen in Abständen von 5 und 15 Minuten, jeweils mit einer Wahrscheinlichkeit von ½. Das ergibt einen mittleren Abstand von 10 Minuten und eine mittlere Wartezeit von 6,25 Minuten (so wie oben als gewichtetes Mittel von 2,5 Minuten und 7,5 Minuten ausgerechnet). Kommen die Busse dagegen in Abständen von 0 Minuten und 20 Minuten, also entweder direkt hintereinander oder 20 Minuten auseinander, so beträgt der mittlere Abstand der Busse weiter 10 Minuten, so wie eben, aber die Varianz der Abstände hat zugenommen, und die mittlere Wartezeit steigt jetzt auf 10 Minuten an.

Literatur: Martin Gardner: Gotcha: Paradoxien für den Homo Ludens, München 1985 (Hugendubel); Gabor S. Szekely: Paradoxa: Klassische und neue Überraschungen aus Wahrscheinlichkeitstheorie und mathematischer Statistik, Frankfurt 1990 (Deutsch).

Haben Männer mehr Schwestern als Frauen?

Wenn ich die Hörer und Hörerinnen meiner Statistik-Vorlesung frage: »Wieviele Brüder und Schwestern haben Sie?«, glauben viele, die Männer in der Vorlesung hätten mehr Schwestern als die Frauen, und die Frauen in der Vorlesung hätten mehr Brüder als die Männer. Aber wenn wir dann nachzählen, haben die Männer im Durchschnitt genausoviele Schwestern wie die Frauen, und die Frauen haben im Durchschnitt genausoviele Brüder wie die Männer.

Darüber sind nicht nur meine Studenten immer wieder überrascht. Beschränken wir uns einmal auf die Zahl der Brüder. Viele Menschen überlegen hier folgendermaßen: »Ein Mann kann nicht sein eigener Bruder sein, die Frauen in der Vorlesung können ihre Brüder aus einer größeren Menge schöpfen als die Männer, ergo haben die Frauen mehr Brüder als die Männer.«

Das ist aber falsch, wie man leicht sieht. Dazu unterstelle ich zur Vereinfachung einmal, daß Jungen- wie Mädchengeburten gleich wahrscheinlich und unabhängig voneinander sind. Mit anderen Worten, in einer Familie mit einem Kind ist ein eventuelles zweites Kind mit der gleichen Wahrscheinlichkeit ein Junge wie ein Mädchen, und zwar unabhängig vom Geschlecht des ersten Kindes. Dann sind die folgenden Typen von Zwei-Kind-Familien alle gleich wahrscheinlich; sie kommen daher auch mit fast gleichen relativen Häufigkeiten im realen Leben vor:

(Junge, Junge), (Junge, Mädchen), (Mädchen, Junge),
(Mädchen, Mädchen)

Und wie wir sehen, hat sowohl die Hälfte aller Jungen (nämlich alle Jungen aus Familien mit zwei Jungen) wie auch die Hälfte aller Mädchen (nämlich alle Mädchen aus gemischten Familien) genau einen Bruder, und die restlichen Jungen und Mädchen überhaupt keinen – bei der Zahl der Brüder gibt es keine Unterschiede.

Das gleiche Argument gilt auch für Familien mit drei Kindern. Wenn wir ein bestimmtes Kind auswählen, kommen für die beiden übrigen Geschwister die oben aufgeführten Muster in Frage, alle mit der gleichen Wahrscheinlichkeit. Mit anderen Worten, das ausgewählte Kind, ob Junge oder Mädchen, hat mit einer Wahrscheinlichkeit von $^1/_4$ zwei Brüder, mit einer Wahrscheinlichkeit von $^1/_2$ einen Bruder, und mit einer Wahrscheinlichkeit von $^1/_4$ keinen Bruder. Auch hier ist also die Anzahl der Brüder für Jungen wie für Mädchen gleich.

Und was für Familien mit zwei oder drei Kindern gilt, gilt für größere Familien ebenso: Greifen wir ein bestimmtes Kind heraus, so sind Jungen und Mädchen unter dessen Geschwistern im Durchschnitt mit der gleichen Häufigkeit vertreten.

Viele Menschen begehen hier den gleichen Fehler wie beim Gesetz der Großen Zahl: sie glauben, daß wegen der langfristigen Gleichverteilung der Geschlechter die Wahrscheinlichkeit für »Junge« nach der Geburt eines Jungen sinkt. Aber genauso wie ein Würfel nach einer Sechs beim nächsten Wurf auch weiterhin mit einer Wahrscheinlichkeit von $1/6$ eine Sechs ergibt, ohne daß dies das Gesetz der Großen Zahl beschädigt, genauso bleibt nach einem Jungen die Wahrscheinlichkeit für einen Jungen die gleiche, die sie vorher war.

Literatur: Ruma Falk: »Haben Männer mehr Schwestern als Frauen?«, Stochastik in der Schule 1983/1, 21-23.

Das »global village«-Paradox

Über wieviele Stationen kennen Sie den Dalai Lama? Oder Boris Becker und den Papst?

Die meisten Menschen schätzen hier fünfzig bis hundert: »Ich selbst kenne vielleicht ein paar hundert Leute«, könnte die Begründung lauten, »und wenn ich davon einen frage, kennt der vielleicht wieder hundert. So taste ich mich peu à peu an die Zielperson heran, und mit etwas Glück bin ich nach ein paar Dutzend Zwischengliedern beim Dalai Lama angekommen.«

Aber wer so denkt, denkt falsch. Erstens kennen die meisten von uns weit mehr Menschen, als sie glauben, und zweitens brauchen wir von uns selber bis zum Dalai Lama oder bis zum Papst nicht mehrere Dutzend Vermittler, wie die meisten glauben, sondern im Durchschnitt etwa vier. Und das gilt nicht nur für den Papst und für den Dalai Lama, sondern für jeden anderen Menschen auf der Welt: Unter recht realistischen Annahmen über Freunde und Bekannte brauchen wir von uns selbst bis zu einem beliebigen anderen Menschen auf dem Globus weit weniger Vermittler als die meisten glauben; bei einigen Zielpersonen mehr, bei anderen weniger, und im Durchschnitt, wie wir im weiteren sehen werden, vermutlich weniger als vier.

*

Aber zuerst einmal: Was ist ein Bekannter? In den einschlägigen soziologischen Studien, auf die ich mich im weiteren beziehe, ist das jemand, den ich mit Namen kenne und auf der Straße grüße, und davon hat der »normale« Bundesbürger eine ganze Menge – Schulfreunde, Lehrer, Professoren, Urlaubsbekannte, Brüder, Schwestern, Onkel, Tanten, Cousins, Cousinen, Nachbarn, Kegelfreunde, Priester, Polizisten, Rechtsanwälte, Tankwarte, Zeitungsverkäufer, Arbeitskollegen, Vorgesetzte, Untergebene, Kneipenwirte, Saufkumpane, Kaufleute, Handwerker, Apotheker, Stromableser, Kellner oder Friedhofsgärtner. Wenn wir eine solche Liste von uns namentlich bekannten Menschen einmal gründlich mustern, kommen wir in aller Regel auf rund tausend Personen, sicher mehr als viele glauben.

Wenn uns diese Zahl zu hoch erscheint, so nur, weil wir nicht allen unseren Bekannten die Ehre antun, sie in Gedanken ständig vorrätig zu halten. So erinnern wir uns vielleicht deutlich an den Zahnarzt, aber nicht an seine Sprechstundenhilfe, oder an den Unfallgegner vom letzten Wochenende, aber nicht an seinen Beifahrer, oder an unseren Kompaniechef bei der Bundeswehr, aber nicht an seinen Stellvertreter, so daß die erheblich kleinere Menge der Menschen, die unser aktuelles Kurzzeitgedächnis belegen, uns nicht darüber hinwegtäuschen sollte, wie groß doch unser Bekanntenkreis in Wahrheit ist.

Dieser Kreis von ungefähr tausend unmittelbaren Bekannten explodiert jedoch geradezu, wenn wir zu mittelbaren Bekannten, also zu den Bekannten dieser Bekannten übergehen. Denn unsere mittelbaren Bekannten vermehren sich nicht additiv, wie viele hier intuitiv unterstellen, sondern multiplikativ; wir müssen die tausend Bekannten unserer Bekannten nicht zu unseren eigenen

Bekannten hinzuzählen, sondern unsere eigenen tausend Bekannten mit tausend malnehmen, und das ist ein großer Unterschied. Denn wenn jeder unserer eigenen tausend Bekannten wieder tausend Menschen kennt, und wenn es dabei keine Überlappungen gibt, sind wir schon nach einem einzigen Zwischenschritt bei tausend mal tausend oder einer Million Bekannten zweiter Stufe angelangt!

Nun sind natürlich die jeweils tausend Bekannten unserer eigenen Bekannten nicht alle verschieden: mindestens eine Person, nämlich ich selbst, kommt sogar simultan in *allen* diesen Mengen vor. Deshalb will ich einmal unterstellen, daß nur hunderttausend dieser eine Million Bekannten zweiter Stufe wirklich unterschiedliche Personen sind. Und jetzt sitze ich im ICE Hamburg-München neben einer auf den ersten Blick wildfremden Person. Wenn diese ihre eigenen tausend persönlichen Bekannten zufällig und unabhängig voneinander aus allen achtzig Millionen Bundesbürgern aussucht, so ist mit einer Wahrscheinlichkeit von

$$1 - (79\,900\,000/80\,000\,000)^{1000} = 71{,}4\%$$

darunter mindestens eine Person aus meinem eigenen Bekanntenkreis zweiter Stufe. Oder anders ausgedrückt, mit einer Wahrscheinlichkeit von mehr als $^2/_3$ kennt er oder sie mindestens einen meiner Bekannten zweiter Stufe persönlich, d.h. mit einer Wahrscheinlichkeit von mehr als $^2/_3$ sind wir über maximal zwei Stationen selbst miteinander bekannt.

Die Wahrscheinlichkeit für eine Bekanntschaft über drei Stationen ist nochmals drastisch größer, und bei vier Stationen bleibt fast niemand in der Republik mehr übrig, der nicht mit mir selbst über die eine oder andere Bekannntenschiene verbunden ist.

*

Dieses Resultat wird vielleicht plausibler, wenn wir uns einmal die am weitesten getrennten Bundesbürger vorstellen, die beiden Personen in Deutschland mit den meisten Zwischenschritten von einen zum anderen – etwa einen Leuchtturmwärter auf einer

Hallig in der Nordsee und eine Sennerin auf einer Alm im Allgäu, die sich im Leben nie gesehen und ihren Leuchtturm bzw. ihre Alm kaum je verlassen haben. Wieviele Schritte brauchen wir von einem zum anderen maximal?

Fangen wir beim Leuchtturmwärter an. Ganz gleich wie abgeschieden dieser lebt – selbst der größte Eremit muß zuweilen zum Zahnarzt oder eine neue Tabakspfeife kaufen und kennt damit zumindest eine Handvoll Leute persönlich. Unter dieser Handvoll persönlicher Bekannten findet sich mindestens einer, oder ich will geteert und gefedert werden, der sich für Politik interessiert oder einen politisch interessierten Menschen kennt, der wiederum den lokalen Bundestagsabgeordneten kennt, und damit ist unser Leuchtturmwärter über zwei Stationen im Deutschen Bundestag.

Dito die Sennerin. Auch sie kann, so gern sie es vielleicht auch möchte, nicht völlig vom Rest der Menschheit abgeschieden leben, und kennt Menschen, die wiederum politisch interessierte Menschen kennen, die den lokalen Bundestagsabgeordneten kennen, so daß beide, der Leuchtturmwärter wie die Sennerin, über höchstens zwei Stationen einen Bundestagsabgeordneten kennen, wenn auch vermutlich nicht den gleichen. Aber diese beiden Abgeordneten kennen sich wahrscheinlich, und wenn nicht, so haben sie auf jeden Fall einen gemeinsamen Bekannten, auch wenn es nur der Saaldiener des Bundestages ist, so daß die folgende Bekanntenkette mit zusammen sieben Zwischengliedern die absolut längste ist, die ich mir in Deutschland überhaupt nur denken kann:

> Sennerin – Frauenarzt – CSU-Kreisvorsitzender – Bundestagsabgeordneter A – Saaldiener – Bundestagsabgeordneter B – Greenpeace-Aktivistin – Fischverkäufer – Leuchtturmwärter.

Wenn aber keine einzige Bekanntenkette mehr als sieben Zwischenglieder hat, so hat natürlich auch der Durchschnitt weniger als sieben. Und sogar beträchtlich weniger als sieben, denn wie oben ausgerechnet, haben die meisten von uns schon nach zwei, drei Zwischenschritten fast die gesamte Republik erfaßt.

Wenn Sie also im nächsten Osterurlaub in der Pariser Metro oder an einem Skilift in Colorado die Verkäuferin aus dem Kiosk an der Ecke treffen, wundern Sie sich nicht. Ich selbst z. B. sitze dieser Tage neben einer Mitarbeiterin des Rektors; es wird Bier gereicht, meine Nachbarin bemerkt: »Nicht schlecht, aber auch nicht meine Lieblingsmarke.« Ich frage also nach der Lieblingsmarke – Bitburger – und erfahre, daß die junge Dame aus der Eifel stammt und wir auf der gleichen Schule waren (das Regino-Gymnasium in Prüm). Oder eine Freundin des Hauses meldet in München eine Firma an; der zuständige Beamte bemerkt, als er ihren Ausweis und Geburtsort sieht: jaja, in S., da sei er selber lange Zeit gewesen, er könne sich noch gut an einen tollen Polterabend erinnern, den er dort mitgefeiert habe. Und vor ihm steht die damalige Braut. Oder der Soziologe Ithiel de Sola Pool, der Begründer der Kleine-Welt-Forschung vom amerikanischen MIT, erzählt von einem Krankenhaus-Besuch: ein Patient, Elektrotechniker bei einer Telefongesellschaft, bemerkt zu einem anderen Patienten, einem Chinesen: »Komisch, ich kenne außer Ihnen nur einen einzigen Chinesen auf der Welt – einen .... aus Shanghai.« »Ja«, sagt der Chinese, »das ist mein Onkel.«

*

Der Psychologe Stanley Milgram hat dieses weltumspannende Kontaktnetz einmal empirisch überprüft, in das wir alle nolens volens eingewoben sind: Aus dem Telefonbuch zufällig ausgewählte Personen aus dem mittleren Westen der USA hatten einen Brief über Bekannte, und zwar allein über persönliche Bekannte und auf keinen Fall direkt, der Frau eines Theologiestudenten im fernen Boston zuzustellen.

Den ersten Brief erhielt diese nach zwei Tagen: die Testperson, ein Weizenfarmer aus Kansas, hatte den Brief seinem Pfarrer gegeben, der einem Theologieprofessor in Boston und der wiederum der ihm persönlich bekannten Frau seines Studenten – eine Kette mit zwei Zwischengliedern.

Die durchschnittliche Zahl der Zwischenglieder in Milgrams

Experimenten war fünf, aber damit überschätzen wir die minimale Zahl, die für eine Kontaktaufnahme nötig ist: da die Zwischenboten auf gut Glück im Nebel suchen mußten, waren die verschiedenen Stationen in der Regel nicht die schnellsten. Hätte jeder Bote genau gewußt statt nur zu raten, welche Person in seinem eigenen Bekanntenkreis der Zielperson am nächsten steht, wären die Briefe noch viel schneller angekommen.

Auch Landesgrenzen oder Ozeane stehen diesen Kontakten kaum im Wege. Denn um die Grenzen von Ländern und Kulturen zu durchbrechen, reicht es, wenn das erste Glied der Kette (zur Not auch ein späteres) eine einzige Person des anderen Kulturkreises persönlich kennt – von da an läuft die Kette auf »normale« Weise weiter.

»Aber was ist mit Einsiedlern und Urwaldmenschen, die niemanden kennen oder kennen wollen? Die müssen doch den schönen Durchschnitt ganz gewaltig ruinieren.«

Sie müssen nicht. Denn wie uns die Sennerin und der Leuchtturmwärter zeigen, reicht eine einzige »normale« Kontaktperson, um die Kontaktschranke zu brechen. Von den ganz wenigen Menschen abgesehen, die à la Robinson von der Umwelt wirklich völlig abgeschnitten sind, ist die Zahl der Zwischenstationen von solchen Eremiten zu uns selber nur um einen einzigen Schritt größer als normal. Denn wenn diese Außenseiter auch nur eine einzige »normale« Person persönlich kennen – und selbst der einsamste Indianer im hintersten Amazonasbecken kennt den einen oder anderen Buschpiloten oder Missionar durchaus persönlich – muß ich nur die Schritte von mir selbst zu dieser Kontaktperson berechnen, plus eins: dann bin auch ich selbst mit diesem Indianer im hintersten Amazonasbecken über Umwege bekannt.

Wenn ich also das nächste Mal im Kino sitze, und mein Vordermann entpuppt sich als der 20 Jahre lang vermißte Stiefsohn einer Schwiegertante, bei der ich gestern erst zum Kaffee eingeladen war, dann bleibe ich ganz ruhig und gelassen und sage nur »Na und?«

Literatur: Stanley Milgram: »The small world problem«, Psychology Today, Mai 1967, 61-67; Manfred Kochen (Hrsg.): The small world, Norwood 1989 (Ablex).

Wie wahrscheinlich sind die Anfangsziffern 1 bis 9?

Mit der folgenden Wette habe ich schon viel Geld verdient: Sie nehmen eine Zeitung – ein Buch oder die Bibel tun es auch - und bestimmen darin zufällig irgendeine Zahl, etwa die dritte von unten auf der vierten Seite. Ehe wir die Zahl nachschlagen, wette ich zehn Mark: »Die erste Ziffer dieser Zahl ist kleiner als vier!« Und damit alles mit rechten Dingen zugeht, schließe ich auch noch Telefonnummern und Jahreszahlen aus.

Die meisten Menschen halten bei dieser Wette zehn Mark dagegen, mit folgenden Argument: »Insgesamt können neun Ziffern als erste auftreten, nämlich eins bis neun. Da es keinen Anlaß gibt, warum eine davon häufiger auftreten sollte als eine andere, hat jede die Wahrscheinlichkeit von $1/9$. Die Wahrscheinlichkeit, daß eine Anfangsziffer Vier oder größer auftritt, beträgt also $6/9$; die Wahrscheinlichkeit, daß eine Eins, Zwei oder Drei als erste Ziffer auftritt, dagegen nur $3/9$. Damit ist die Wahrscheinlichkeit für eine Anfangsziffer größer als Drei doppelt so groß wie die Wahrscheinlichkeit für eine Anfangsziffer Eins bis Drei – ich gewinne also sehr wahrscheinlich. Irgendwie muß der Krämer spinnen.«

Dieser Schluß ist aber zumindest in seiner ersten Hälfte falsch. Schlagen wir nämlich jetzt die dritte Zahl von unten auf der vierten Seite auf, so ist die erste Ziffer mit Wahrscheinlichkeit sechzig Prozent nicht größer oder gleich, sondern kleiner als vier, und Krämer gewinnt.

*

Gleich sehen wir, warum. Weil wir dafür aber etwas tiefer in die Wahrscheinlichkeitsrechnung einsteigen als sonst in diesem Buch, gebe ich hier schon einmal die Wahrscheinlichkeiten für die Ziffern Eins bis Neun und verweise die an den Details interessierten Leser und Leserinnen auf den Exkurs am Ende des Kapitels:

Erste Ziffer	Wahrscheinlichkeit
1	30,1%
2	17,6%
3	12,5%
4	9,7%
5	7,9%
6	6,7%
7	5,8%
8	5,1%
9	4,6%

Ich konnte diese Zahlen zunächst auch nicht glauben; in einem Sommerurlaub in England habe ich sie deshalb zusammen mit meinen Kindern empirisch überprüft: drei Zeitungen genommen (zweimal die *Times* sowie den *Daily Telegraph*) – zufällig ein paar Seiten ausgewählt, und von allen insgesamt 954 Zahlen dieser Seiten die ersten Ziffern aufgeschrieben. Eine Anzeige für einen Mazda 626, mit drei Jahren Garantie und einem Preis von 10549 Pfund, lieferte etwa die Ziffern 6, 3 und 1, ein 45-jähriger, knapp einem Bombenattentat entgangener Taxifahrer die Ziffer vier, die bei der Tochter Breschnews konfiszierten 65000 Rubel eine Sechs, und so weiter und so fort. Unberücksichtigt blieben allein die Kopfleisten der Seiten mit Datum und Seitenzahl; bei Telefonnummern mit einer Null am Anfang haben wir die erste von Null verschiedene Ziffer genommen und bei Sportresultaten wie 3:1 oder 6:4 nur die erste.

Wären alle neun Anfangsziffern gleich wahrscheinlich, hätte bei insgesamt 954 Zahlen jede rund hundert mal als erste auftreten müssen. Sind dagegen die Wahrscheinlichkeiten so wie oben, so müßte man die Eins in rund 30,1 Prozent von 954 Fällen, also 287 mal erwarten, die Zwei in rund 17,6 Prozent der Fälle, also 168 mal und so fort. Die folgende Tabelle gibt diese theoretischen Häufigkeiten für alle neun Anfangsziffern an, zusammen mit den tatsächlich ausgezählten Häufigkeiten. Und wie wir sehen, stimmen Theorie und Praxis fast perfekt zusammen (fast zu perfekt, aber ich schwöre, wir haben nicht geschummelt):

Anfangsziffer	theoretische Häufigkeit	tatsächliche Häufigkeit
1	287	301
2	168	157
3	119	102
4	92	93
5	76	84
6	64	77
7	55	46
8	49	49
9	44	45

Wer wissen will, wie dieses Resultat zustandekommt, kann dazu mehr im folgenden Exkurs erfahren.

Exkurs: Wie kommen die Anfangsziffer-Häufigkeiten zustande?

Im weiteren nenne ich eine zufällig aus einer Zeitung ausgewählte Zahl einmal X. Diese Variable X ist eine sogenannte Zufallsvariable; ihr Wert hängt ab vom Ausgang eines Zufallsexperimentes: von der ausgewählten Zeitung, von der ausgewählten Seite, von der ausgewählten Zeile (solche Zufallsvariablen werden uns auch in anderen Kapiteln noch begegnen). Die erste Ziffer der Zufallsvariabeln X ist nun genau dann eine 1, wenn X zwischen einer Zehnerpotenz und dem doppelten einer Zehnerpotenz liegt, oder formal, wenn

$$10^n \leq X < 2 \times 10^n$$

für eine geeignete natürliche Zahl n. Die erste Ziffer von X ist eine 2, wenn X zwischen dem doppelten und dem dreifachen einer Zehnerpotenz liegt, oder formal, wenn

$$2 \times 10^n \leq X < 3 \times 10^n ,$$

und ganz allgemein ist die erste Ziffer von X eine Zahl k = 1, 2, 3, ... 9, wenn gilt:

$$k \times 10^n \leq X < (k+1) \times 10^n .$$

Diese Ungleichung ist aber äquivalent zu

$$n + \log(k) \leq \log(X) < n + \log(k+1)$$

mit »log« gleich Logarithmus zur Basis zehn.

Diese letzte Ungleichung ist die Basis der gesamten Theorie. Denn sie ist genau dann erfüllt, wenn die erste Nachkommastelle von log(X) zwischen log(k) und log(k+1) liegt. Nennen wir diese erste Nachkommastelle von log(X) einmal Z. Dann ist Z genauso wie X und log(X) eine Zufallsvariable. Und diese neue Zufallsvariable Z hat nur Werte zwischen 0 und 1, sowie die weitere fundamentale Eigenschaft, daß die Wahrscheinlichkeit, in ein bestimmtes Teilintervall zu fallen, proportional ist zur Länge dieses Intervalls (solche Zufallsvariablen heißen auch gleichverteilt).

Damit haben wir aber alles, was wir brauchen: Die ursprüngliche Zufallsvariable X hat die erste Ziffer k genau dann, wenn Z zwischen log(k) und log(k+1) liegt, und die Wahrscheinlichkeit dafür ist log(k+1) – log(k). Und wenn wir das für k = 1, 2, ..., 9 ausrechnen, erhalten wir gerade die Werte aus obiger Tabelle: Die Wahrscheinlichkeit für eine 1 als erste Ziffer ist log(2) – log(1) = 0,301 – 0 = 0,301, die Wahrscheinlichkeit für eine 2 am Anfang ist log(3) – log(2) = 0,477 – 0,301 = 0,176 und so weiter.

Es bleibt noch zu zeigen, daß Z eine Gleichverteilung besitzt. Das folgt aber aus einem allgemeinen Resultat der Wahrscheinlichkeitstheorie, wonach bei Zufallsvariablen mit einem großen Wertebereich (und das sind die Zahlen in unseren Zeitungen ganz bestimmt, die ja bis in die Milliarden und Billionen gehen, und genauso, wenn auch nicht ganz so extrem, ihre Logarithmen), wonach also bei solchen Zufallsvariablen die erste Nachkommastelle immer eine fast perfekte Gleichverteilung besitzt.

Der Beweis dieses Satzes ist auch für Mathematiker nicht einfach, aber das Resultat als solches kann man sich durchaus auch ohne Mathematik plausibel machen. Betrachten wir dazu etwa ein sogenanntes Glücksrad, welches man früher oft auf Jahrmärkten sah, also eine bunte Scheibe mit verschiedenen Segmenten, wie in dem Bild auf der nächsten Seite.

Der Schausteller versetzt das Rad in Schwung, und der Ausschnitt, der bei Stillstand oben liegt, gewinnt. Hier ist sofort einzusehen, daß, wenn sich das Rad bis zum Stillstand nur oft genug dreht, alle Segmente mit der gleichen Wahrscheinlichkeit gewinnen (einmal unterstellt, das Rad ist gut austariert und alle Feststellstifte sind von gleicher Form und Länge). Denken wir uns jetzt den Umfang des Rades von der Länge 1, so ist der insgesamt vom ursprünglichen Scheitelpunkt zurückgelegte Weg eine Zufallsvariable X, und dessen Entfernung vom Zenit bei Stillstand der Scheibe ist gerade die erste Nachkommmastelle von X. Und es ist sofort plausibel, daß sich mit wachsendem Wertebereich von X die erste Nachkommastelle immer gleichmäßiger im Intervall (0,1) verteilt.

Dieses Prinzip nutzt auch die Spielbank beim Roulette, um eine gleichmäßige Aufteilung der Gewinnchancen auf alle 37 Zahlen in der Schüssel zu erzeugen: Je öfter sich die Kugel um den Rand der Schüssel dreht, desto schwerer kann ein Croupier, sofern er wollte, diese Kugel in einen bestimmten Sektor zielen. Daher wird auch, um den von der Kugel relativ zum

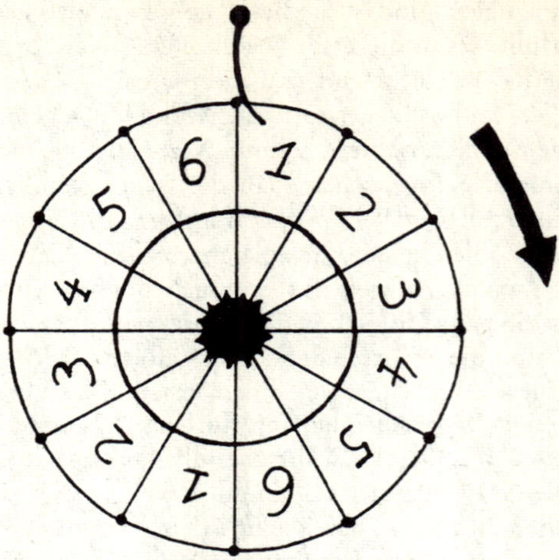

Abb. 3.2: Wenn das Rad sich oft genug dreht, werden alle Zahlen gleich wahrscheinlich

Schüsselrand zurückgelegten Weg noch weiter zu erhöhen, auch die Schüssel, und zwar gegen die Laufrichtung der Kugel, nochmals selbst gedreht.

Literatur: S. Newcomb: »Note on the frequency of the use of the different digits in natural numbers«, American Journal of Mathematics 4, 1881, 39-40; F. Benford: »The law of anomalous numbers«, Proceedings of the Philosophical Society 78, 1938, 551-572; W. Feller: An introduction to probability theory and its applications, Band 2, New York 1971; W. Krämer: »Das Gesetz der abnormalen Zahl«, Stochastik in der Schule, Heft 3, 1990, 48-52.

4. Kapitel

Glücksspiele und Lotterien

»93 Prozent der Bürger, die an Glücksspielen teilnehmen, spielen ... um etwas zu gewinnen.«

Stiftung Warentest

Man kann beim Lotto auch auf lange Sicht gewinnen

Anders als viele glauben, kann man beim Lotto auch auf lange Sicht gewinnen – also nicht allein durch pures Glück, durch einen Zufallstreffer sozusagen, sondern auch im langfristigen Durchschnitt, theoretisch: wenn wir bis zum Ende aller Tage spielen.

Das kommt vielen etwas seltsam vor. Denn sie denken so: »Die Hälfte aller Einsätze kassiert der Staat. Damit fließen von jeder eingesetzten Mark nur fünfzig Pfennig an die Spieler – ein mittlerer Verlust von fünfzig Pfennig. Und weil nach dem Gesetz der Großen Zahl der tatsächliche Verlust auf lange Sicht mit dem theoretischen Verlust zusammenfällt, kann ein Spieler auf Dauer nur verlieren.«

Dieses Argument ist aber falsch; es gilt nur im Mittel über alle Spieler. Nur der Durchschnitt aller getippten Sechser-Reihen erspielt den bekannten mittleren Verlust von fünfzig Pfennig. Manche Reihen verlieren langfristig sogar noch mehr, andere dagegen weniger. Und gewisse Reihen bringen vermutlich langfristig sogar Gewinn.

Das klingt verblüffend, aber trotzdem ist es so. Denn die übliche Berechnung des mittleren Verlustes funktioniert nur bei Lotterien mit festen Gewinnen: Sechs Richtige bringen sagen wir drei Millionen Mark, fünf Richtige mit Zusatzzahl bringen 200 000 Mark, fünf »normale« Richtige 50 000 Mark etc. So waren die Vorgänger des modernen Lotto konstruiert, etwa die berühmte Genueser Zahlenlotterie »5 aus 90«, die es in Italien noch heute gibt. Hier bringt bzw. brachte schon eine einzige richtige Zahl das vierzehnfache des Einsatzes, zwei Richtige brachten das 240-fache, drei Richtige das 4800-fache und vier Richtige das 60000-fache (auf fünf Richtige wurden keine Wetten angenommen, weil kein Buchmacher den Gewinner hätte auszahlen können).

Bei dieser Genueser Zahlenlotterie gibt es für den mittleren alias »erwarteten« Gewinn eine einfache Formel:

Erwarteter Gewinn =
(W.keit für eine Richtige) × (Gewinn für eine Richtige)
\+ (W.keit für zwei Richtige) × (Gewinn für zwei Richtige)
\+ (W.keit für drei Richtige) × (Gewinn für drei Richtige)
\+ (W.keit für vier Richtige) × (Gewinn für vier Richtige)

Diesen erwarteten Gewinn vergleiche ich mit dem Einsatz, dann weiß ich, was ich bei dieser Lotterie auf lange Sicht gewinne bzw. besser gesagt verliere.

Und ähnlich kann man auch bei anderen Lotterien mit festen Auszahlungen (und auf diese festen Auszahlungen kommt es dabei ganz entscheidend an) den erwarteten Gewinn berechnen: die Wahrscheinlichkeiten mit den Gewinnen multiplizieren, aufaddieren, fertig.

*

So funktioniert das moderne Lotto aber nicht. Erstens ist die Auswahlmenge kleiner (49 statt 90 Zahlen in Deutschland, 45 Zahlen in Österreich und der Schweiz), und zweitens, und das ist hier vor allem von Bedeutung, zweitens sind die Gewinne für drei-vier-fünf-sechs Richtige alles andere als fest. Sie richten sich vielmehr ganz entscheidend nach den Mitgewinnern, nach den Einsätzen und Tips der anderen, und das unterscheidet das Lotto des deutschen, österreichischen oder Schweizer Typs ganz wesentlich von anderen Lotterien.

Nehmen wir das alte deutsche Zahlenlotto »6 aus 49«. Hier gab es bis Ende 1991 die folgenden Gewinnklassen: sechs Richtige, fünf Richtige plus Zusatzzahl, fünf Richtige, vier Richtige, drei Richtige. Aber wer denkt: »Sechs Richtige! Also ab auf die Bahamas!« kann sich – wie etwa die Hauptgewinner am 18. Juni 1977 – ganz gewaltig irren; damals gab es für sechs Richtige nur 31000 Mark. Denn in diesem Lotto gibt es keine festen Quoten; vielmehr wird der Gesamtgewinn in jeder Klasse unter den Gewinnern dieser Klasse aufgeteilt. Wenn es also viele Gewinner gibt – an jenem denkwürdigen Samstag des Jahres 1977 waren es allein in der höchsten Gewinnklasse über 200 – gewinnt der einzelne Gewinner wenig, wenn es wenige Gewinner gibt, gewinnt der einzelne Gewinner viel.

Das ist für die Spieler sowohl gut wie schlecht. Es ist schlecht für Spieler, die so tippen wie viele andere. Es ist gut für Spieler, die so tippen wie wenige andere. Denn wer so tippt wie viele andere, muß seinen Gewinn, falls er gewinnt, mit vielen teilen; wer so tippt wie wenige andere, hat den Gewinn, falls er gewinnt, für sich allein. Und deshalb können diese Spieler auf lange Sicht durchaus ihren Einsatz zurückholen – und vielleicht noch mehr.

Denn das ist das Besondere am Zahlenlotto: hier spielt man nicht nur gegen den Zufall und gegen die Lottogesellschaft, hier spielt man auch gegen die anderen Lottospieler! Die Gesellschaft kassiert auf jeden Fall die Hälfte aller Einsätze, sie hat immer ihren Anteil sicher, aber um die andere Hälfte dürfen sich die Lottospieler raufen. Und dabei können die Klugen durchaus von den Dummen profitieren; wenn die Gewinne in den verschiedenen Klassen (die sogenannten Quoten) von der Anzahl der Gewinner abhängen, ändert sich die Formel für den mittleren alias erwarteten Gewinn, sie heißt jetzt etwa für das deutsche Samstagslotto:

Erwarteter Gewinn für eine gegebene Tippreihe =
W.keit für sechs Richtige plus Superzahl × Quote für sechs Richtige plus Superzahl
\+ W.keit für sechs Richtige × Quote für sechs Richtige
....
\+ W.keit für drei Richtige × Quote für drei Richtige

Anders als bei der Genueser Zahlenlotterie sind hier die Auszahlungen nicht fest; sie hängen von der Zahl der Mitgewinner ab. Zwar sind wir den Wahrscheinlichkeiten in dieser Formel auch weiter hilflos ausgeliefert; sie betragen etwa für sechs Richtige plus Superzahl 1 zu 139 Millionen, weit weniger als die Wahrscheinlichkeit, vom Blitz getroffen zu werden, aber die Quoten alias die Gewinne, *falls* gewonnen wird, haben die Spieler – anders als bei anderen Lotterien – durchaus selber in der Hand.

*

Die Zauberformel heißt: populäre Tips vermeiden. Populäre Zahlen garantieren langfristig allein Verluste; wir verlieren nicht nur wie der Durchschnitt aller Spieler die Hälfte unseres Einsatzes, sondern sogar mehr. Sehr beliebt sind etwa Zahlenreihen, die früher oder andernorts bereits gezogen worden sind, auch Geburtstage und Muster: die Zahlen eins bis sechs, die Diagonalen und andere regelmäßige Figuren auf dem Tippfeld. Die folgenden beiden Tips z.B. wurden bei einer einzigen Ausspielung des Schweizer Zahlenlottos jeweils mehr als 24 000 mal am Schalter abgegeben (die Ziehung 6/90, ausgewertet von meinem Statistiker-Kollegen Hans Riedwyl von der Uni Bern):

1	2	3	4	5	**6**
7	8	9	10	**11**	12
13	14	15	**16**	17	18
19	20	**21**	22	23	24
25	**26**	27	28	29	30
31	32	33	34	35	36
37	38	39	40	41	42
43	44	45			

1	2	3	4	5	6
7	**8**	9	10	11	12
13	14	**15**	16	17	18
19	20	21	**22**	23	24
25	26	27	28	**29**	30
31	32	33	34	35	**36**
37	38	39	40	41	42
43	44	45			

Abb. 4.1: Diese beiden Tippreihen wurden bei der 6. Ausspielung 1990 des Schweizer Zahlenlottos mehr als 24 000 mal angekreuzt

Vermutlich haben die Eigentümer dieser Lottoscheine so gedacht: »Diese Kombination ist so unwahrscheinlich, die tippt außer mir kein Mensch.« Und genauso haben auch 24000 andere Schweizer Lottofreunde überlegt...

Die nächsten Diagramme (auf der folgenden Seite) zeigen weitere beliebte Kombinationen; außer der zweiten alles geometrische Muster.

Die einzige aus dem Rahmen fallende Tipreihe ist hier die zweite; sie enthält kein erkennbares Muster, wurde aber dennoch 12 000 mal angekreuzt – die Lottozahlen der Vorwoche, Ziehung 5/1990.

Geometrische Muster oder schon gezogene Zahlenreihen garantieren also nur Verluste. Das gilt auch für länger zurückliegende Ziehungen oder die Lottozahlen des Auslandes – die deutschen und österreichischen Zahlen der Vorwoche finden sich z.B. auf den Schweizer Scheinen jeweils mehr als tausendmal. Und selbst lange zurückliegende Ziehungen werden immer wieder gerne aufgewärmt, wie etwa die allererste in der Schweiz aus dem Jahr 1970, an die sich selbst zwanzig Jahre später noch mehr als hundert Lottospieler erinnern.

Weitere verlustträchtige Kombinationen sind: die um jeweils 1 erhöhten oder reduzierten Zahlen der Vorwoche oder des Auslands (jeweils mehr als tausendmal getippt); die in den diversen Lottomagazinen als die häufigsten und seltensten angegebenen Zahlen; arithmetische oder geometrische Folgen wie 3-6-9-12-15-18 oder 1-2-4-8-16-32; sonstige mathematisch interessante Zahlen wie Primzahlen oder Fibonacci-Zahlen; ganz allgemein jede Kombination, die ein Muster oder System enthält. In allen diesen Fällen gibt es weit mehr Menschen als man glaubt, die auf diese gleiche Idee auch schon gekommen sind, und mit denen man sich einen eventuellen Gewinn dann teilen müßte.

*

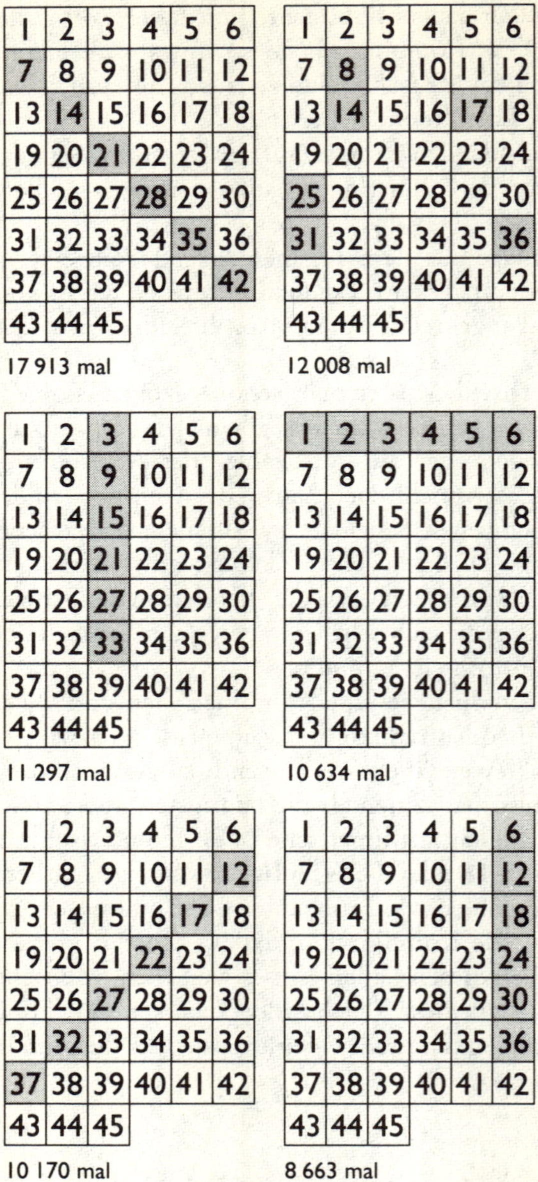

Abb. 4.2: Weitere beliebte Tips beim Zahlenlotto in der Schweiz

In Deutschland gibt es 49 Lottozahlen – in manchen Bundesländern lange Streifen von 1 bis 49, in anderen die bekannten Quadrate mit sieben Zeilen und sieben Spalten – und deshalb auch andere Lieblingsreihen. Aber das oben Gesagte gilt auch hier: Muster und mathematische Spielereien sind unbedingt zu meiden. Bei der dritten Ziehung des Samstagslottos 1988 gab es zum Beispiel 222 Hauptgewinner, alle mit den folgenden Gewinnzahlen:

Abb. 4.3: Die Gewinnzahlen der 3. Ziehung 1988; sie wurden 222 mal gespielt

Andere Muster sind noch populärer. Bei der Auswertung von rund sieben Millionen Tippreihen einer Samstagsziehung 1993 hat mein Stuttgarter Kollege Karl Bosch jeweils mehr als dreitausend Scheine mit den folgenden Mustern gezählt (Abb. 4.4 auf der folgenden Seite); hochgerechnet wurden republikweit rund 40 000 Scheine mit diesen Zahlenreihen abgegeben. Wäre eine davon tatsächlich gezogen worden, hätten die Hauptgewinner pro Kopf rund 150 Mark bekommen. Wie in der Schweiz dominieren auch hier die geometrischen Muster, ausgenommen die dritte Tippreihe – die Lottozahlen der Vorwoche.

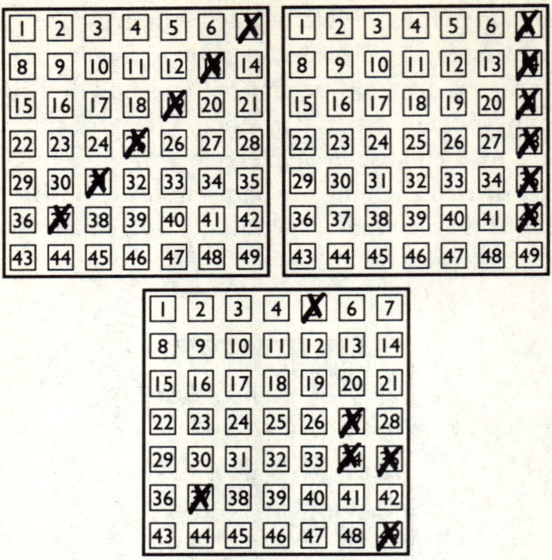

Abb. 4.4: Mehr als dreitausendmal gab es diese Tippreihen an einem Samstag allein in Baden-Württemberg

Auch die auf der gegenüberliegenden Seite abgebildeten Kombinationen wurden allein in Baden-Württemberg an einem einzigen Samstag rund zweitausendmal getippt – wieder überwiegend Muster. Nur der letzte Tip fällt aus dem Rahmen – die Lottozahlen der vorletzten Woche.

Solche populären Tips sind also unbedingt zu meiden, wenn Sie nicht zu den dann republikweit hochgerechnet mehr als 40 000 Hauptgewinnern zählen wollen. Stattdessen muß man die Waisenkinder unter allen Tippkolonnen suchen. In der Schweiz z.B. werden mehr als zwei Millionen der rund acht Millionen Möglichkeiten bei 6-aus-45 überhaupt nicht angekreuzt, und genau diese Kombinationen gilt es zu finden.

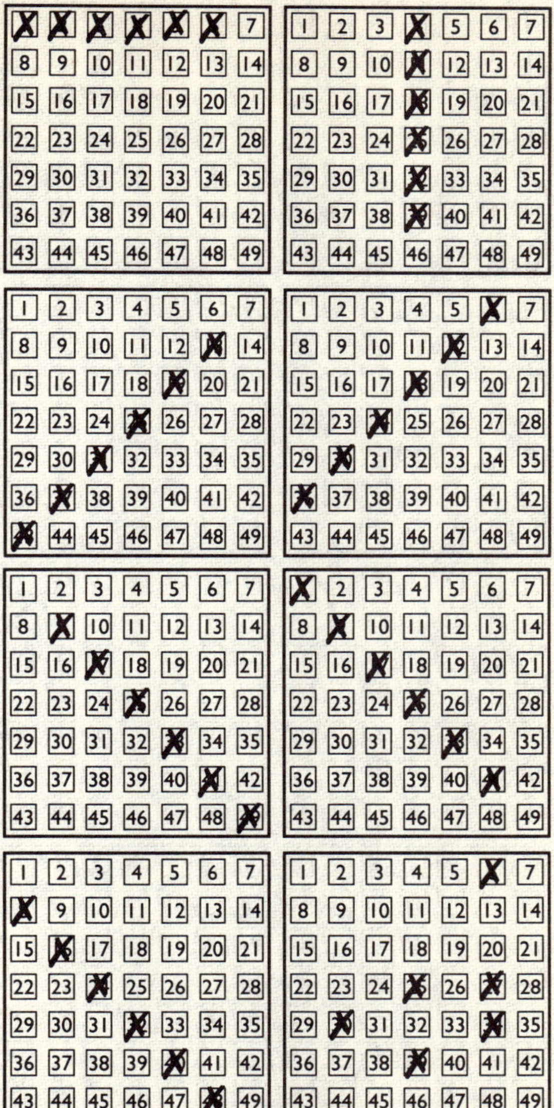

Abb. 4.5: Auch diese Tippreihen gab es noch mehr als zweitausendmal allein in Baden-Württemberg

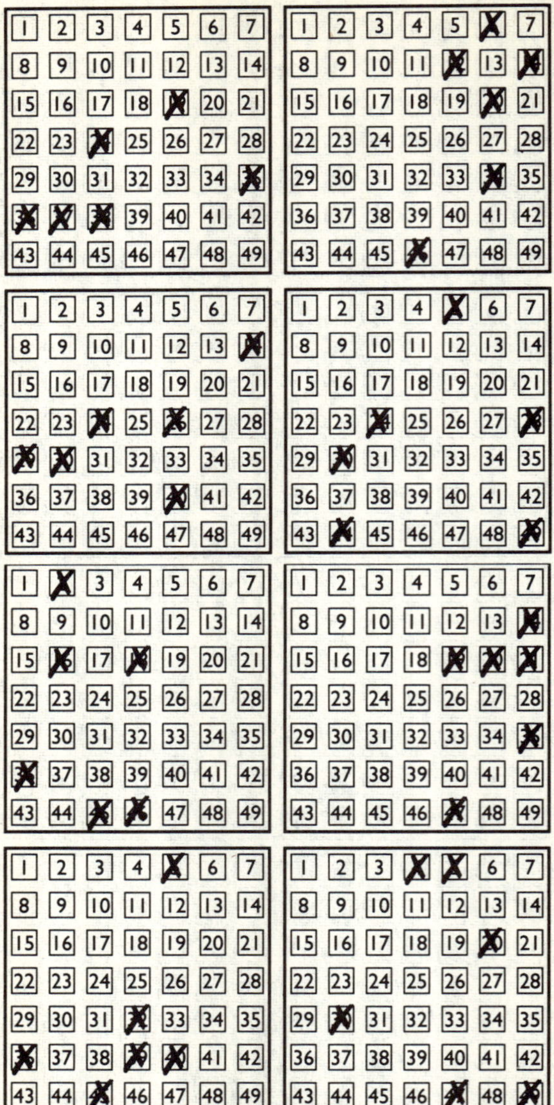

Abb. 4.6: Diese Tippreihen wurden bei verschiedenen Ausspielungen des deutschen Samstagslottos höchstens einmal angekreuzt

Die Tippreihen auf der gegenüberliegenden Seite wurden bei bestimmten Ausspielungen des deutschen Samstagslottos keinmal oder höchstens einmal angekreuzt (Abb. 4.6). Die erste brachte ihrem Besitzer zwanzig Millionen Mark, den bisher höchsten Gewinn im deutschen Samstagslotto überhaupt.

*

Wie findet man am besten diese Einzelexemplare?

Die erste Regel heißt: beliebte Zahlen meiden, wie (in dieser Reihenfolge):

19, 9, 7, 17, 10, 11 .

Diese Zahlen waren in der Auszählung von Karl Bosch die häufigsten, allen voran die 19, weil sie so oft in Geburtstagen auftritt. Von seltenen Ausnahmen wie der ersten Tippreihe in Abb. 4.6 abgesehen, sind die Quoten bei solchen Zahlen eher niedrig.

Höhere Quoten gibt es bei seltenen Zahlen wie

36, 43, 35, 29, 44, 42 .

Diese wurden in der Auszählung von Bosch am wenigsten getippt.

Wer aber jetzt denkt: »Aha, nur Zahlen über 30 tippen, weil die bei Geburtstagen kaum vorkommen!« wird bei sechs Richtigen auch nicht froh: auf diese Idee sind zuviele andere auch schon gekommen.

Die zweite Regel heißt daher: erst die Mischung macht's. Die Häufigkeit der Zahlen und die Häufigkeit der Zahlenkombinationen sind zwei verschiedene Dinge.

Die dritte Regel heißt: Hände weg vom Gleichgewicht. Gut ausbalancierte Lottoscheine bringen ebenfalls nur wenig Geld, denn »der Normalspieler füllt das Zahlenfeld so aus, wie er einen Brief schreibt«, so Klaus Lange in *Zahlenlotto*: »Nach einer höflichen Anrede in der ersten Zeile schreibt er noch ein paar Zeilen dazu, wobei er zwischen den Worten immer schön Abstand läßt. Vorne bleibt natürlich ein Rand frei. Und viele beenden den Brief rechts unten mit einer Unterschrift.«

Daraus folgt auch schon die vierte und letzte Regel, daß man die Gefahr, beim Lottospielen so zu denken wie viele andere, am besten dadurch vermeidet, daß man überhaupt nicht denkt. Die beste Mischung aus Ordnung und Chaos auf dem Lottoschein, also die Tippreihen mit den wenigsten Sponsoren, finden Sie, indem Sie an den Zufall appellieren: Die Zahlen 1 bis 49 auf Papierschnitzel schreiben, gut durchmischen, und sechs Zahlen zufällig ziehen. Sollte dabei doch durch Zufall ein schönes Muster entstehen, werfen Sie es weg. Können Sie kein Muster sehen, haben Sie vermutlich einen Schein wie außer Ihnen wenig andere.

Aber dazu eine Warnung ganz am Schluß: diese Strategie hat nur Erfolg, wenn weiterhin die Mehrheit aller Spieler die bekannten Muster produziert, und damit diese Gewinne finanziert. Kreuzen *alle* Lottospieler ihre Zahlen mittels Zufall an, ist auch der erwartete Gewinn für alle wieder gleich, nämlich genau fünfzig Pfennig für jede eingesetzte Mark.

Literatur: Klaus Lange: Zahlenlotto, Ravensburg 1980 (Maier); Günther Rothe: Gewinnstrategien beim Zahlenlotto, Arbeitsbericht Nr. 12, Fachbereich Statistik, Universität Dortmund, 1982; Hans Riedwyl: Zahlenlotto: Wie man mehr gewinnt, Bern 1990 (Haupt); David R. Bellmann: »The Genoese Lottery«, Statistical Science 6, 1991, 141-148; »Glücksspiele: Nieten in Hülle und Fülle«, Test 2/1992; Karl Bosch: Lotto und andere Zufälle, Braunschweig 1994 (Vieweg).

Populäre Trugschlüsse beim Roulette

Ein europäisches Roulette hat sechsundreißig abwechselnd rote und schwarze Fächer mit den Zahlen eins bis sechsundreißig, und ein weiteres, in der Regel grünes Fach für die Zahl Null (inzwischen gibt es auch in Europa immer mehr Casinos, die sich der amerikanischen Unsitte mit den zwei Nullen anschließen, aber diese Halsabschneider ignoriere ich einmal). Damit beträgt die Wahrscheinlichkeit für eine bestimmte Zahl, etwa für »13«, genau eins zu siebenundreißig, und da die Bank bei einem Volltreffer das sechsundreißigfache des Einsatzes auszahlt, beträgt der mittlere alias erwartete Gewinn bei einem solchen Spiel »à plein« genau $^{36}/_{37}$ des Einsatzes. Zieht man davon noch den Einsatz selber ab, verbleibt pro Spiel ein mittlerer Verlust von $^{1}/_{37}$ des Einsatzes.

Damit sind wir schon beim ersten populären Roulette-Irrtum angelangt: »Verglichen mit einem mittlerem Verlust von fünfzig Prozent beim Lotto ist ein mittlerer Verlust von $^{1}/_{37}$ oder 2,7 Prozent doch eigentlich human«, höre ich hier den Manager der Spielbank sagen. »Roulette ist weitaus fairer zu den Spielern als alle anderen Glücksspiele; bei keinem anderen Spiel ist der Verlust der Spieler so gering.«

Dieses Argument ist aber falsch. Denn dieser mittlere Verlust von 2,7 Prozent des Einsatzes bezieht sich nur auf *ein einziges Spiel*, auf einen einzigen Wurf der Kugel in den Kessel des Roulettes. Und welcher Spieler setzt an einem Abend nur ein einziges Mal!

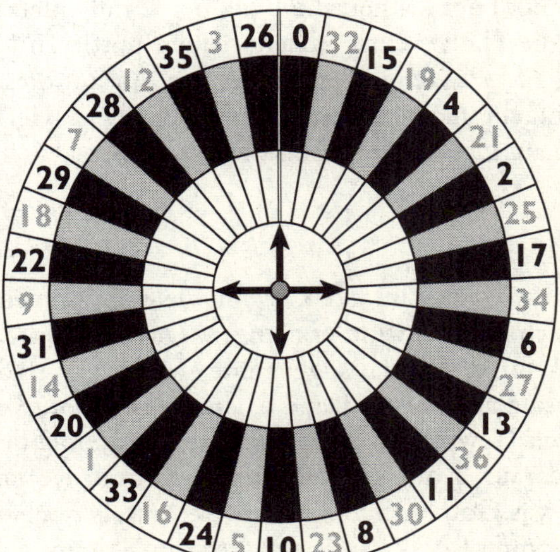

Abb. 4.7: Ein europäisches Roulette à la Monte Carlo: die 37 Zahlen 0 bis36 sind unregelmäßig verteilt und die einfachen Chancen sind unabhängig voneinander

Setzt man immer nur den gleichen Einsatz auf eine einzige Zahl, beträgt der mittlere Verlust nach zwei Spielen schon 5,4 Prozent, nach drei Spielen 8,1 Prozent, und nach zwanzig Spielen schon 54 Prozent des Einsatzes – also nicht weniger als beim Lotto, sondern mehr. Und nach 37 Spielen hat man auf lange Sicht den ganzen Einsatz eingebüßt.

Setzen wir statt auf eine einzige auf zwei, drei, vier oder noch mehr Zahlen, vergrößern sich die Gewinnwahrscheinlichkeiten entsprechend: bei zwei Zahlen beträgt sie zwei zu siebenunddreißig, bei drei Zahlen drei zu siebenunddreißig usw. Da aber im Gleichschritt auch die Auszahlungen sinken, verbleibt in jedem Fall ein erwarteter Gewinn von $^{36}/_{37}$ des Einsatzes, bzw. nach Abzug des Einsatzes ein mittlerer Verlust von $^{1}/_{37}$ oder 2,7 Prozent, und genau wie beim Spiel »à plein« hat man im Mittel nach siebenunddreißig Runden den kompletten Einsatz eingebüßt.

Etwas länger dauert der Verlust des Einsatzes bei den einfachen Chancen: gerade, ungerade, rot, schwarz, manque (1-18), passe (19-36). Hier kassiert die Bank bei »Null« nicht alles, sondern nur die Hälfte, entsprechend einem mittleren Verlust von 1/74 oder 1,35 Prozent. Wer also immer nur auf diese Chancen wettet, braucht nicht siebenunddreißig, sondern vierundsiebzig Spiele, um auf Dauer seinen Einsatz einzubüßen.

*

Auch mit variablen Einsätzen, wie in vielen Systemen angepriesen, läßt sich kein Gewinn erzwingen. Das einfachste dieser Systeme funktioniert so (das sogenannte »Martingal«): »Setze einen festen Einsatz auf eine einfache Chance, etwa Rot. Kommt Rot, kassiere den Gewinn. Kommt Schwarz, verdopple den Einsatz. Kommt darauf Rot, kassiere den Gewinn. Kommt wieder Schwarz (was Gott verhüten möge), verdopple noch einmal den Einsatz. Kommt Rot, kassiere den Gewinn. Kommt dummerweise nochmal Schwarz, verdopple wieder, und so weiter, bis irgendwann dann schließlich Rot erscheint.«

Dieses System scheint idiotensicher: ganz gleich wann Rot erscheint – und irgendwann erscheint todsicher Rot – , der dann fällige Gewinn reicht immer aus, alle bis dato getätigten Einsätze zu decken, plus einen Nettogewinn in Höhe des Einsatzes beim ersten Spiel.

Leider scheitert dieses System jedoch an dem begrenzten Kapital des Spielers bzw. an dem Einsatz-Maximum der Bank: Bei einem Ersteinsatz von zehn Mark und einem Maximum von tausend Mark z.B. wären wir schon nach sieben Runden bei 640 Mark und könnten nicht nochmals verdoppeln. Und selbst bei einem Maximum von zehntausend Mark wäre schon nach zehn Runden keine Verdoppelung des Einsatzes mehr möglich. Daß so oft hintereinander Schwarz oder Rot erscheint, ist zwar sehr unwahrscheinlich, aber dafür ist der dann aufgelaufene Verlust auch umso größer, so daß unter dem Strich auch diese Strategie langfristig nur Verluste produziert.

*

Diese langfristigen Verluste lassen sich nur physikalisch, nicht mathematisch überwinden. Denn bisher habe ich diskret und selbstverständlich unterstellt, daß alle siebenunddreißig Zahlen gleich wahrscheinlich sind, und das ist durchaus nicht immer garantiert. Selbst die perfektesten Roulettekessel sind nie ganz exakt symmetrisch, mit wirklich ganz genau gleich hohen Trennwänden zwischen den Fächern, so daß die wahren Wahrscheinlichkeiten für die verschiedenen Zahlen durchaus die eins zu siebenundreißig sowohl unter- als auch übersteigen können.

Sobald aber die Wahrscheinlichkeit für eine bestimmte Zahl größer wird als eins zu sechsundreißig, bringt diese Zahl den Spielern langfristig Gewinn. Und genau so sollen viele der legendären Großgewinner beim Roulette verfahren sein: der Engländer Jaggers Ende des letzten Jahrhunderts in Monte Carlo, die amerikanischen Studenten Hibbs und Walford in Reno 1947, das berühmte argentinische Spielersyndikat in Mar del Plata 1950 und vermutlich noch viele andere unbekannte Großgewinner mehr: systematisch auf diejenigen Zahlen setzen, die schon am häufigsten gefallen sind. Dieses System ist nämlich wirklich idiotensicher – man kann sich damit nur verbessern. Sind die Abweichungen zufällig (die mit Abstand wahrscheinlichste Variante), so hat man zumindest nichts verloren, man hat mit diesen Zahlen die gleichen Chancen wie mit allen anderen; sind die Abweichungen aber systematisch, nehmen unsere Chancen zu, wir können also unsere Chancen nur verbessern.

Eine weitere Strategie, bei der wir uns auf keinen Fall verschlechtern, aber unter Umständen verbessern, besteht darin, konsequent auf die wenig bespielten Chancen zu setzen. Setzt also ein anderer Spieler zehntausend Mark auf Schwarz, so setzen wir hundert Mark auf Rot. Denn wenn der Croupier wirklich die Kugel manipulieren sollte, mit Magneten oder irgendwelchen anderen Tricks und Instrumenten, so natürlich, um den anderen Spieler um zehntausend Mark zu prellen ...

Versprechen Sie sich aber nicht zuviel davon. Betrügerische Spielcasinos gibt es nur im Kino oder in ein paar Kaschemmen der Karibik, aber nicht in Ihrer Nähe, und auch die allermeisten Abweichungen zwischen theoretischen und empirischen Häufigkeiten sind nicht systematisch, sondern Zufall; moderne Roulettekessel sind inzwischen so perfekt, daß man lange suchen muß, um einen mit merkbar ungleichen Chancen zu finden. Und um solche Unregelmäßigkeiten aufzuspüren, d.h. um zu entscheiden, ob die unterschiedlichen Häufigkeiten, die wir an einem Abend an einem Tisch beobachten, auf Zufall oder auf System beruhen, sind in aller Regel weit mehr Würfe nötig, als an einem Abend anfallen. Und da über Nacht die Kessel der Tische in den meisten Casinos für die Spieler undurchschaubar ausgetauscht werden, haben wir kaum eine Chance, solche Unregelmäßigkeiten jemals aufzudecken.

*

Mehr Erfolg als dieses in der Regel vergebliche Suchen nach ungleichen Wahrscheinlichkeiten versprechen Zusatzinformationen anderer Art: wenn ich weiß, wie schnell der Kessel und die Kugel drehen, kann ich den Auftreffpunkt der Kugel auf den Ring der

Zahlenfächer berechnen. Auch wenn dann die Kugel noch unvorhersehbar von einem Fach zum anderen springt, kann ich so zumindest theoretisch denjenigen Viertelsektor des Kessels vorhersagen, in welchem die Kugel schließlich landen wird. Dazu brauche ich eine Stoppuhr (um die Geschwindigkeit von Kesselrand und Kugel auszurechnen), einen kleinen Computer und ein gewisses Training, denn für das Rechnen und Setzen bleiben vom Wurf der Kugel bis zum »rien ne va plus« des Croupiers nur wenige Sekunden Zeit. So sollen schon manche Profis durchaus reich geworden sein.

Aber auch das klingt leichter als es wirklich ist. Erstens sind in fast allen Spielcasinos dieser Erde Computer heute nicht mehr zugelassen (in Las Vegas kann man wegen solcher Helfer sogar im Gefängnis landen), und zweitens versuchen die Casinos schon seit jeher, durch die gleichmäßige Verteilung von Rot, Schwarz, Gerade, Ungerade, Manque und Passe solche Extrainformationen zum Zielsektor der Kugel zu entwerten. Sollte aber in einem Casino in Ihrer Nähe noch die sogenannte kleine oder große Serie, also das Wetten auf einen bestimmten Sektor des Kessels möglich sein, haben Sie als Schnellrechner mit einem Blick für Geschwindigkeiten durchaus eine Chance, auch auf Dauer die Spielbank mit mehr Geld zu verlassen als Sie hineingetragen haben.

Literatur: Allan N. Wilson: The casino gamblers guide, New York 1965 (Harper & Row); S. N. Ethier: »Testing for favorable numbers on a roulette wheel«, Journal of the American Statistical Association 77, 1982, 660-665; M. Jung: Roulette richtig gespielt, Niedernhausen 1987 (Falken) (keine Empfehlung, nur ein Beispiel für die große Garde der System-Verkäufer); Thomas Bass: The Newtonian Casino, London 1990 (Longman).

Eine peinliche Panne bei der Glücksspirale

Die Gewinnzahl der Glücksspirale hat sieben Stellen. Mögliche Kandidaten sind also 3452344, 6529104, 8752905, aber auch 1234567 oder 3333333. Insgesamt gibt es 10^7 = zehn Millionen

Möglichkeiten. Wären alle diese Möglichkeiten gleich wahrscheinlich, betrüge die Wahrscheinlichkeit für einen Hauptgewinn eins zu zehn Millionen, verschwindend wenig, aber immer noch mehr als die Wahrscheinlichkeit für sechs Richtige beim Lotto.

Bei der ersten Ausspielung der Glücksspirale 1971 waren aber diese zehn Millionen Möglichkeiten durchaus nicht gleich wahrscheinlich. Vielmehr waren bei dieser ersten Ziehung gewisse Kombinationen mehr als hundertmal so wahrscheinlich wie andere, und das hat seinerzeit für große Aufregung gesorgt.

Bei der ersten Ausspielung der Glücksspirale ließ das ZDF die Gewinnzahl aus einer einzigen Trommel ziehen, welche je sieben Kugeln mit den Ziffern 0, 1, 2, 3, 4, 5, 6, 7, 8 und 9 enthielt, zusammen also siebzig Kugeln, und die sieben ohne Rücklegen gezogenen Ziffern wurden dann in der Reihenfolge ihrer Ziehung zur Gewinnzahl komponiert: von 0000000 über 0000001, 0000002 bis 9999999 war damit jede Zahl von 0 bis 9 999 999 als Gewinnzahl möglich, und nach Meinung des ZDF auch gleich wahrscheinlich. »Denn da jede der siebzig Kugeln alias Ziffern mit der gleichen Wahrscheinlichkeit gezogen wird«, so das Argument, »müssen auch alle Kombinationen von Ziffern gleich wahrscheinlich sein.«

Aber hier hat sich das ZDF geirrt. Auch wenn wir einmal zugestehen, daß alle Kugeln mit der gleichen Wahrscheinlichkeit gezogen werden: Daraus folgt noch nicht, daß dann auch alle *Kombinationen* gleich wahrscheinlich sind. Denn da die gezogenen Kugeln wie beim Lotto nicht zurückgelegt wurden, verringern sich die Chancen der schon gezogenen Ziffern in den folgenden Runden, so daß Kombinationen von identischen Ziffern viel seltener sind als gut gemischte Ziffern.

Angenommen etwa, die erste Kugel trägt die Ziffer 1. Dann sind für den zweiten Zug noch 69 Kugeln übrig, davon sechs mit einer 1 und je sieben mit einer 2, 3, 4, 5, 6, 7, 8 oder 9. Mit anderen Worten, mit einer Wahrscheinlichkeit von $^6/_{69}$ trägt die zweite Kugel wieder eine 1, mit einer Wahrscheinlichkeit von $^7/_{69}$ dagegen eine 2 (dito eine 3, 4, 5, 6 etc...).

Trägt nun die zweite Kugel wieder eine 1, so sinkt die Wahrscheinlichkeit für eine 1 sogar auf $^5/_{68}$, bei dreimal 1 sogar auf $^4/_{67}$ etc.; je mehr Einsen schon gezogen sind, desto kleiner die Wahrscheinlichkeit, daß nochmals 1 gezogen wird.

Für noch nicht gezogene Ziffern dagegen *steigt* diese Wahrscheinlichkeit mit jedem Zug, von 7/70 am Anfang bis auf 7/64 am Schluß. Insgesamt gibt es

$$7 \times 6 \times 5 \times 4 \times 3 \times 2 \times 1 = 5040$$

verschiedene Möglichkeiten, eine bestimmte Zahl mit sieben identischen Ziffern zu ziehen, etwa 3333333 oder 4444444. Bei einer Zahl mit sieben verschiedenen Ziffern, wie etwa 1234567 oder 3412985, gibt es dagegen

$$7 \times 7 \times 7 \times 7 \times 7 \times 7 \times 7 = 823543$$

Möglichkeiten, mehr als 150-mal soviel.

Trotzdem: diese erste Ziehung der Glücksspirale war nicht notwendig unfair. Falls die Lose zufällig, ohne Umtauschrecht unter den Teilnehmern verteilt worden sind, war die Chancengleichheit nicht verletzt – schließlich beschweren wir uns auch nicht auf dem Jahrmarkt, wenn wir eine Niete ziehen. Nur wenn gewisse Personen *vorher* wissen, welche Lose Nieten und welche Lose Treffer sind, wird die Sache bedenklich. Hätte etwa jemand vor der ersten Ziehung die ungleichen Wahrscheinlichkeiten bemerkt und nur Losnummern aus lauter verschiedenen Ziffern gekauft, so hätte diese Person ihre Gewinnwahrscheinlichkeit auf Kosten der anderen Teilnehmer beträchtlich erhöht. Aber das ist offensichtlich nicht der Fall gewesen.

Heute ist die Trommel mit den Kugeln anders konstruiert: statt einer einzigen Urne mit siebzig Kugeln sieben kleine Urnen mit je zehn. Aus jeder dieser kleinen Urnen zieht man eine Kugel, so daß auch bei der zweiten, dritten und vierten Kugel alle Ziffern gleich wahrscheinlich sind.

Literatur: Karl Bosch: Lotto und andere Zufälle, Braunschweig 1994 (Vieweg).

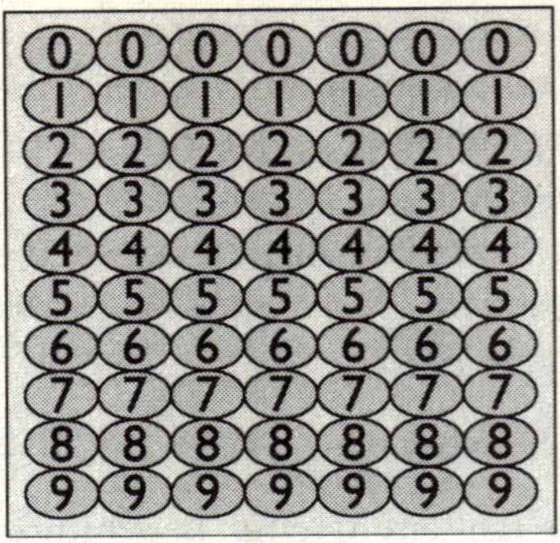

Abb. 4.8: So war die Trommel bei der Glücksspirale am Anfang konstruiert: eine große Urne mit zusammen 70 Kugeln

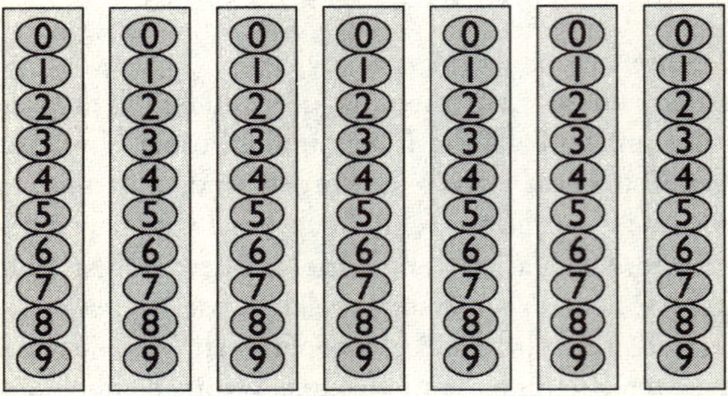

Abb. 4.9: Die Trommel bei späteren Ausspielungen: sieben kleine Urnen mit je zehn Kugeln

Es lohnt sich doch, die Ziegentür zu wechseln

Angenommen, ich habe in einem Fernsehquiz gewonnen – entweder ein teures Luxusauto oder aber eine Ziege. Der Moderator führt mich vor drei Türen, hinter einer das Auto und hinter zwei anderen jeweils eine Ziege, und ich wähle aufs Geratewohl die erste Tür von links. Um die Spannung zu erhöhen, öffnet der Moderator aber zuerst eine der beiden anderen Türen, sagen wir die erste Tür von rechts; dahinter wartet eine Ziege. Und dann erlaubt er mir, meine Wahl zu ändern – statt der ersten Tür von links die noch geschlossene dritte Tür, in diesem Fall also die mittlere, zu nehmen. Soll ich nun wechseln oder nicht?

»Natürlich!« sagen die einen. »Mit einer Wahrscheinlichkeit von $2/3$ ist das Auto hinter einer der anderen, nicht gewählten Türen. Fällt eine davon aus, so muß die andere mit einer Wahrscheinlichkeit von $2/3$ das Auto verstecken. Also verdopple ich durch einen Wechsel die Wahrscheinlichkeit, das Auto zu gewinnen.«

»Was ein Blödsinn!« sagen die anderen. »Ganz gleich, was man als erstes selber wählt – der Moderator kann immer eine Tür mit einer Ziege öffnen. Deshalb erfährt man dadurch auch nichts Neues, das hat man vorher schon gewußt. Und deshalb bleiben auch die Wahrscheinlichkeiten dieselben; ob ich die Tür wechsle oder nicht, ich wähle mit einer Wahrscheinlichkeit von $2/3$ eine Ziege und mit einer Wahrscheinlichkeit von $1/3$ das Auto. Und deshalb kann ich auch genausogut bei meiner ersten Wahl verbleiben.«

»Das verstehe ich nicht«, sagt noch ein anderer. »Wenn der Moderator eine Tür mit einer Ziege öffnet, bleiben noch zwei Türen übrig, eine mit einer Ziege und eine mit einem Auto. Damit steigt die Wahrscheinlichkeit für Auto bei beiden Türen auf $1/2$.«

Wer hat hier recht?

*

Zunächst ist klar: über unsere zuerst gewählte Tür erfahren wir in der Tat nichts Neues. Denn ganz gleich, ob wir das Auto oder eine Ziege wählen – der Moderator kann immer eine Tür mit einer Ziege öffnen (wobei ich hier einmal unterstelle, daß er das auch tatsächlich tut; dazu später mehr). Damit bleibt die Wahrscheinlichkeit, daß wir von Anfang an das Auto haben, die gleiche wie vorher, nämlich $1/3$. Oder anders ausgedrückt, wenn wir dieses Spiel – hypothetisch – sehr oft spielen, und unsere erste

Wahl nie ändern, werden wir auf Dauer in einem Drittel aller Fälle das Auto gewinnen.

Aber dabei darf man nicht vergessen, daß die Auto-Wahrscheinlichkeiten *für die beiden anderen* Türen sich sehr wohl ändern. Für die vom Moderator geöffnete, die mit der Ziege dahinter, ist das sofort klar – die Wahrscheinlichkeit für »Auto« sinkt auf Null. Und da das Auto mit einer Wahrscheinlichkeit von 1 hinter einer der Türen wartet, hinter einer, nämlich unserer ersten Wahl, mit einer Wahrscheinlichkeit von $1/3$, hinter einer anderen, nämlich der vom Moderator geöffneten, mit einer Wahrscheinlichkeit von 0, verbleibt für die letzte Tür nur noch die Wahrscheinlichkeit von $2/3$. Mit anderen Worten, es ist äußerst lohnend, auf die Tauschofferte einzugehen.

Das sieht man aber auch ohne jede Wahrscheinlichkeitsrechnung. Denn wenn wir selbst in einem Drittel aller Fälle von Anfang an das Auto wählen, dann muß in den restlichen zwei Dritteln aller Fälle, d.h. immer dann, wenn wir nicht schon selbst das Auto geraten haben, dieses hinter der verbleibenden Tür stecken. Und damit lohnt es sich auf jeden Fall, sofern erlaubt, die Tür zu wechseln.

Natürlich kann man dabei auch hereinfallen: Ich habe das Auto richtig geraten, und der böse Moderator überredet mich, stattdessen eine Ziegentür zu wählen. Das wird, wenn der Kandidat oder die Kandidatin sich auf einen Wechsel einläßt, auf Dauer in einem Drittel aller Fälle auch tatsächlich so geschehen. Aber in den anderen zwei Dritteln aller Fälle, in denen wir nicht schon vorher die richtige Tür geraten hatten, wird der Moderator bzw. seine Fernsehanstalt um ein Auto ärmer.

Das sieht man noch besser an einem extremen Beispiel mit hundert Türen, einem Auto und 99 Ziegen. Hier ist die Wahrscheinlichkeit nur eins zu hundert, daß man gleich zu Anfang auf das Auto tippt. Jetzt öffnet der Moderator 98 der verbleibenden 99 Türen, hinter jeder eine Ziege. Soll man wechseln?

Ich glaube, spätestens hier würde wohl jeder gerne wechseln. Zwar ist die Wahrscheinlichkeit von »Auto« für die zuerst gewählte Tür die gleiche wie zuvor, nämlich ein Prozent, aber mit

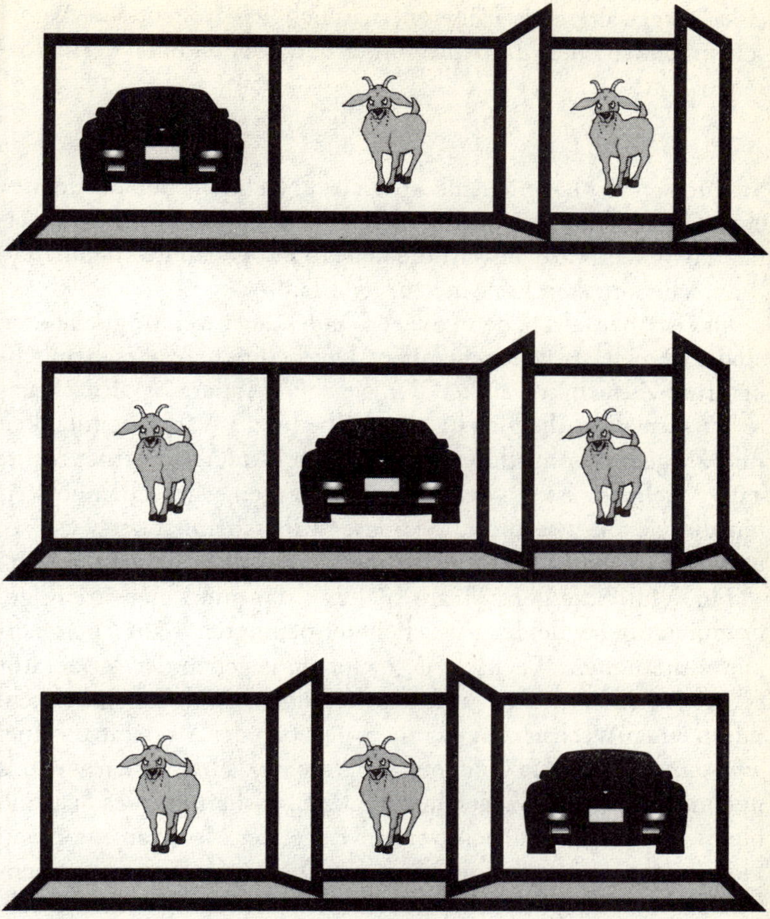

Abb. 4.10: Diese drei Varianten sind gleich wahrscheinlich. Wenn wir zuerst die linke Tür wählen und *nicht* wechseln, gewinnen wir das Auto mit der Wahrscheinlichkeit $1/3$. Der Moderator öffnet immer eine Tür mit einer Ziege. Wenn wir wechseln, gibt es drei Möglichkeiten: bei der ersten verlieren wir das Auto, das wir zunächst gewonnen hatten, aber bei den anderen beiden wartet hinter der letzten Tür das Auto.

einer überwältigend größeren, nämlich 99-prozentigen Wahrscheinlichkeit steht das Auto hinter der zweiten noch verschlossenen Tür.

*

Stattdessen denken manche aber so: »Nachdem der Moderator eine Tür geöffnet hat, bleiben noch zwei Türen übrig; hinter einer davon das Auto, also ist die neue (die sogenannte »bedingte«) Wahrscheinlichkeit für Auto für jede Tür $1/2$.«

Das ist aber falsch, denn die verbleibenden zwei Möglichkeiten sind *nicht* gleich wahrscheinlich: Die bedingte Wahrscheinlichkeit für »Ziege hinter linker Tür, gegeben Moderator öffnet rechte Tür« ist *nicht* die gleiche wie die bedingte Wahrscheinlichkeit für »Ziege hinter mittlerer Tür, gegeben Moderator öffnet rechte Tür«. Vielmehr ist die erste dieser bedingten Wahrscheinlichkeiten die gleiche wie die unbedingte Wahrscheinlichkeit, also $1/3$, und deshalb muß die zweite bedingte Wahrscheinlichkeit $2/3$ sein.

Für Leute, die gern Haare spalten: Man muß hier streng genommen unterscheiden zwischen der bedingten Wahrscheinlichkeit, durch einen Wechsel zu gewinnen, gegeben der Moderator öffnet *irgendeine* Tür, und der bedingten Wahrscheinlichkeit, durch einen Wechsel zu gewinnen, gegeben der Moderator öffnet *eine ganz bestimmte* Tür (etwa die rechte). Hier haben wir uns nur mit der ersten Wahrscheinlichkeit beschäftigt; diese ist und bleibt $2/3$, ganz gleich nach welcher Regel der Moderator vorgeht, Hauptsache, er öffnet eine Ziegentür. Die zweite Wahrscheinlichkeit dagegen hängt durchaus auch noch von dem Moderator ab. Angenommen etwa, der Moderator geht nach der folgenden Regel vor: »Falls Kandidat linke Tür wählt: Öffne die rechte Tür nur dann, wenn das Auto hinter der mittleren Tür versteckt ist; ansonsten öffne die mittlere Tür.« In diesem Fall beträgt die bedingte Wahrscheinlichkeit für »Gewinn durch Wechsel, gegeben der Moderator öffnet die rechte Tür« ganz offensichtlich 1: die rechte Tür wird nur dann geöffnet, wenn das Auto hinter der mittleren wartet, also gewinne ich durch einen Wechsel auf jeden Fall. Die bedingte Wahrscheinlichkeit für »Gewinn durch Wechsel, gegeben der Moderator öffnet die mittlere Tür« beträgt dagegen nur $1/2$ (denn in der Hälfte der Fälle, in denen der Moderator die mittlere Tür öffnet, wartet das Auto rechts, in der anderen Hälfte der Fälle links). In diesem Fall könnten wir also auch bei unserer ersten Wahl verbleiben.

Der Punkt ist aber, die Gesamt-Wahrscheinlichkeit für »Gewinn durch Wechsel« ist weiterhin $2/3$. Sie wird berechnet als

$$\begin{aligned} &W(\text{Gewinn}|\text{Moderator öffnet rechte Tür}) \times W(\text{Moderator öffnet rechte Tür}) \\ &+ W(\text{Gewinn}|\text{Moderator öffnet mittlere Tür}) \\ &\times W(\text{Moderator öffnet mittlere Tür}) \\ &= 1 \times \frac{1}{3} + \frac{1}{2} \times \frac{2}{3} = \frac{2}{3} \end{aligned}$$

In dieser Betrachtungsweise liefert die geöffnete Tür auch Informationen über unsere eigene Tür: Wenn der Moderator die rechte Tür öffnet, wissen alle Eingeweihten genau: wir haben das Auto nicht. Aber das wissen sie nur deshalb, weil sie erstens die Entscheidungsregel und zweitens die vom Moderator geöffnete Tür genau kennen. Wenn man den Eingeweihten nichts anderes sagt als »Der Moderator hat eine Tür geöffnet, soll der Kandidat jetzt wechseln?«, können sie uns nur den gleichen Rat geben, den wir uns auch selbst gegeben hätten, nämlich wechseln.

*

Aber wo wir schon beim Haarespalten sind: wir haben bei diesen Überlegungen immer vorausgesetzt, daß der Moderator eine Tür öffnen *muß*, und immer eine Tür mit einer Ziege öffnet. Wenn der Moderator selbst die Autotür nicht kennt, oder die Autotür zwar kennt, aber nur dann eine Ziegentür öffnet, wenn wir selber schon das Auto haben, gelten nochmals andere Gesetze.

Beginnen wir mit dem ersten Fall. Wenn der Moderator selbst die Autotür nicht kennt, wird er diese mit einer Wahrscheinlichkeit von $1/3$ öffnen. Damit wäre dann das Spiel zu Ende. Die bedingte Wahrscheinlichkeit für »Auto hinter unserer eigenen Tür« sinkt auf Null, aber leider dürfen wir dann nicht mehr wechseln. Öffnet der Moderator dagegen per Zufall eine Ziegentür, steigt die bedingte Wahrscheinlichkeit für »Auto hinter meiner eigenen Tür« auf 1/2. Jetzt könnten wir zwar wechseln, aber es lohnt sich nicht, die bedingte Wahrscheinlichkeit für »Auto hinter der anderen Tür« ist ebenfalls 1/2. Anders als in der Standardversion liefert der Moderator also hier auch Informationen über unsere eigene Tür – nur nützen sie uns nichts.

Nochmals anders ist die Lage im zweiten Fall, also wenn der Moderator nur dann eine Ziegentür öffnet, wenn wir selber schon das Auto haben. Wenn wir wissen, daß der Moderator so vorgeht, liefert er uns damit natürlich ebenfalls Informationen über unsere eigene Tür, jetzt aber äußerst nützliche. Denn dann wissen wir mit Sicherheit: Wenn der Moderator eine Tür öffnet, dann nur, weil wir selber schon das Auto haben, und deshalb wechseln wir natürlich nicht.

Solche Überlegungen kann man beliebig weitertreiben, etwa indem wir unterstellen, daß der Moderator seine Strategie vor der Sendung auswürfelt, aber das führt hier zu weit. Der Punkt ist nur, daß unsere eigene Optimalstrategie sehr von der Strategie des Moderators und von unserem Wissen darüber abhängt, und daß die Regel »Immer wechseln«, und die resultierende Erhöhung unserer Gewinnwahrscheinlichkeit von 1/3 auf 2/3, nur unter bestimmten, allerdings sehr realistischen Voraussetzungen über das Verhalten des Moderators gilt, nämlich nur dann, wenn der Moderator grundsätzlich, ganz gleich ob wir das Auto haben oder nicht, immer eine Tür mit einer Ziege öffnet.

*

Dieses sogenannte Ziegenproblem kursiert in verschiedenen Verkleidungen schon seit Jahrhunderten in den Mathematikbüchern des Abendlandes. Am bekanntesten sind die drei Todeskandidaten: Zwei von dreien müssen sterben, mehr ist nicht bekannt. Jetzt fragt erste Kandidat den Gefängniswärter: »Hör mal, kannst

Du mir verraten, wer von den beiden anderen dran glauben muß? Einer ist auf jeden Fall an der Reihe, also verrätst Du kein Geheimnis.« Der Wärter überlegt und sagt: »Irgendwie hast Du recht. Also, X ist fällig.« Jetzt ist der erste Todeskandidat erleichtert, denn der denkt: »Bleiben zwei übrig, einer davon überlebt, also ist meine eigene Überlebenswahrscheinlichkeit von $1/3$ auf $1/2$ gestiegen.«

Das ist aber ein Trugschluß. Denn wenn der Wärter auf jeden Fall antwortet (entspricht dem Moderator, der immer eine Tür öffnet), und auf jeden Fall einen Todeskandidaten nennt (entspricht dem Moderator, der immer eine Ziegentür öffnet), erfährt der erste Todeskandidat über sich selbst nichts Neues: die Wahrscheinlichkeit zu überleben ist vorher die gleiche wie nachher, nämlich $1/3$. Grund zur Freude hat allein der dritte Kandidat, denn seine Überlebenswahrscheinlichkeit hat sich durch die Indiskretion des Wärters von $1/3$ auf $2/3$ verdoppelt.

Literatur: »Schönheit des Denkens«, Der Spiegel 34/1991, 212-213, sowie Leserbriefe dazu in Nr. 36/91; H.-W. Brachinger: »Nimm stets die andere – Zur Diskussion um das Drei-Türen-Problem«, WISU – Das Wirtschaftsstudium 1991, 887-890; J.P Morgan et al.: »Let's make a deal: the players dilemma«, The American Statistician 45, 1991, 284-287; Gero von Randow: Das Ziegenproblem, Reinbek 1992 (Rowohlt); Leonard Gillmann: »The car and the goat«, American Mathematical Monthly 1992, S. 3-7; Ed Barbeau: »The problem of the car and the goats«, College Mathematics Journal 1993, S. 149-154.

Vorsicht ist nicht immer die Mutter der Porzellankiste

Angenommen, ich habe hundert Mark, brauche aber zweihundert. Keine 190 oder 195, sondern mindestens zweihundert. Und jemand bietet mir ein Glücksspiel an – Poker, Würfeln, Roulette, was auch immer. Wie maximiere ich die Chance, mit mindestens zweihundert Mark den Spieltisch zu verlassen?

Die Antwort wird viele überraschen. Sie ist für fast alle Glücksspiele die gleiche und heißt im wahrsten Sinn des Wortes: Setze alles auf eine Karte! Um aus einem gewissen Anfangskapital ein größeres Endkapital zu erspielen, muß man in der Regel möglichst viel riskieren.

Nehmen wir Würfeln. Bei einer geraden Augenzahl kassiere ich den Einsatz, bei einer ungeraden Augenzahl der Gegner. Ich starte mit hundert Mark und hätte gern zweihundert. Wir würfeln, bis ich pleite bin oder dieses Ziel erreiche, höchstens aber hundertmal, und ich darf bei jedem Wurf den Einsatz selbst bestimmen. Wie erreiche ich am besten mein Ziel von zweihundert Mark?

Die Antwort: gleich im ersten Spiel das ganze Kapital verwetten. Wenn ich gewinne, habe ich meine hundert Mark und die hundert Mark des Gegners, und höre auf. Wenn ich verliere, höre ich genauso auf. Die ganze Spielerei dauert nur eine Runde, und die Wahrscheinlichkeit, daß ich das Ziel erreiche, beträgt $1/2$.

Dieser Plan ist einfach und leicht durchzuführen; vor allem aber: er ist nicht zu schlagen. Denn bei jeder anderen Strategie beträgt die Wahrscheinlichkeit, vor Ablauf von hundert Würfen mit zweihundert Mark nach Hause zu gehen, immer weniger als $1/2$.

Nehmen wir etwa an, ich setze, vorsichtig wie ich bin, bei jedem Wurf nur eine Mark. Dann brauche ich, um mein Ziel zu erreichen, hundertmal hintereinander eine gerade Augenzahl, und die Wahrscheinlichkeit dafür beträgt $(1/2)^{100}$, also so gut wie Null. Setze ich zwei Mark bei jedem Wurf, wird die Wahrscheinlichkeit schon größer, setze ich zehn oder zwanzig Mark, so wird sie nochmals größer, aber sie bleibt immer kleiner als $1/2$, und genauso kann man auch für alle anderen Strategien, etwa solche mit variablen Einsätzen zeigen, daß sie, ausgehend von einem Ausgangskapital von hundert, nur mit einer Wahrscheinlichkeit von weniger als $1/2$ das Ziel zweihundert auch erreichen. Die einzige Strategie, die mit einer Wahrscheinlichkeit von $1/2$ das Ziel erreicht, ist »Alles oder nichts beim ersten Mal«.

*

Heben wir die Zeitbeschränkung auf, etwa indem wir solange spielen, bis ich entweder pleite bin oder meine zweihundert Mark erreiche, komme ich auch mit Vorsicht an mein Ziel, zwar langsamer, aber mit der gleichen Wahrscheinlichkeit. Bei einem fairen Glücksspiel ist ja ein letztendlicher Verlust von hundert für jede Strategie genauso wahrscheinlich wie ein letztendlicher Gewinn von hundert, ergo hat beides die Wahrscheinlichkeit $\frac{1}{2}$.

Bei unfairen Spielen, und das sind leider immer noch die meisten, bleibt es aber auch ohne Zeitbeschränkung vorteilhaft, auf maximales Risiko zu setzen, wobei die Unterschiede in den Wahrscheinlichkeiten, ein festes Gewinnziel zu erreichen, schon bei kleinen Abweichungen von der Fairneß sehr dramatisch werden können. Will ich etwa beim Roulette in Las Vegas aus neunhundert Dollar tausend Dollar machen, so darf ich auf keinen Fall immer nur einen Dollar auf einfache Chancen setzen. Denn trotz einer auf den ersten Blick recht fairen Auszahlungsquote von 94,7 Prozent beim amerikanischen Roulette ist die Wahrscheinlichkeit, so irgendwann einmal auf tausend Dollar zu kommen, nur 0,003 Prozent. Mit anderen Worten, das ist fast unmöglich, dieses scheinbar nahe Ziel wird schon bei einer minimalen Abweichung von der Fairneß durch vorsichtiges Spielen praktisch unerreichbar.

Bei riskantem Spielen aber nicht, und hier zeigt sich ein zentraler Unterschied zwischen fairen und unfairen Glücksspielen, wie minimal die Unfairneß auch sei. Wenn ich etwa hundert statt einem Dollar auf eine einfache Chance setze und bei Verlust jeweils verdopple, bis ich entweder gewinne oder all mein Geld verliere, erreiche ich die tausend Dollar mit einer Wahrscheinlichkeit von 89 Prozent, fast so wahrscheinlich wie bei einem fairen Spiel. Das ist zugleich auch schon Obergrenze – bei keiner anderen Strategie ist die Wahrscheinlichkeit größer, das Ziel zu erreichen.

Die allgemeine Formel für diese Obergrenze der Wahrscheinlichkeit, aus einen Anfangskapital ein vorbestimmtes Endkapital zu erspielen, ist

$$1 - (1 - \text{Anfangskapitel}/\text{Endkapital})^{\text{Auszahlungsquote}}.$$

Sie liefert uns etwa für europäisches Roulette, mit einer Auszahlungsquote bei einfachen Chancen von 98,6 Prozent, und einem Verhältnis von Anfangs- zu Endkapital von 1:2, die Obergrenze

$$1 - (1 - 1/2)^{0,986} = 0,495 = 49,5 \text{ Prozent},$$

und dieser Obergrenze kommen wir nie näher, als wenn wir gleich im ersten Spiel das ganze Kapital auf einmal setzen.

Bei anderen Glücksspielen, Zielsummen und Quoten sind auch die optimalen Strategien anders. Wollen wir beim Roulette das Anfangskapital nicht verdoppeln, sondern verzehnfachen, so kann das bedeuten, immer soviel Geld wie zum Erreichen dieses Zieles nötig *auf eine einzige Zahl* zu setzen. Beim Lotto kann es heißen, alle Tippreihen identisch auszufüllen, und bei Pferdewetten sind die besten Strategien nochmals anders (etwa auf Außenseiter setzen). Aber eins bleibt immer gleich: Der vorsichtige Spieler mag zwar nicht als armer Mann nach Hause gehen, aber an das Ziel kommt er zuletzt.

Literatur: Lester E. Dubins und Leonard J. Savage: How to gamble if you must, New York 1965 (McGraw-Hill); Cynthia A. Coyle und Chamont Wang: »Wonna bet? On gambling strategies that may or may not work in a casino«, The American Statistician 47, 1993, 108-111.

5. Kapitel

Die seltsame Logik der Spielkarten und Würfel

»Wenn auseinandergehen die Würfelspieler,
bleibt, der verliert, schmerzvoll allein zurück,
und wiederholt die Würfe, lernt verdrießlich.
Doch mit dem anderen ziehet alles Volk...«

Dante, Divina Comedia

Ein nur scheinbar faires Kartenspiel

Das folgende Kartenspiel soll auf Jahrmärkten, und wo immer sich Interessenten dafür finden, schon manchen um viel Geld erleichtert haben: Der Bankhalter präsentiert drei Karten, alle beidseitig bemalt, die erste auf beiden Seiten schwarz, die zweite auf beiden Seiten rot, und die dritte auf der einen Seite rot und auf der anderen Seite schwarz; er wirft die Karten in einen Hut, zieht eine davon zufällig heraus (noch besser: läßt uns selber eine ziehen), alle sehen nur die Oberseite, und dann wettet der Bankhalter zehn Mark, daß die unsichtbare Unterseite dieselbe Farbe hat wie die Oberseite: Ist die Oberseite rot, so wettet er auf Rot, und ist die Oberseite schwarz, so wettet er auf Schwarz.

Angenommen, die Oberseite ist Schwarz. Soll man bei dieser Wette zehn Mark dagegen halten oder nicht?

»Warum nicht«, denkt jetzt so mancher. »Die Karte mit den zwei roten Seiten liegt ja noch im Hut. Also muß die Karte auf dem Tisch entweder die Rot-Schwarz-Karte oder die Schwarz-Schwarz-Karte sein. Bei der ersten liegt die rote Seite unten, bei der zweiten liegt eine schwarze Seite unten. Beide Karten sind gleich wahrscheinlich, also sind auch die beiden Farben gleich wahrscheinlich. Die Wette ist fair, ich kann zehn Mark dagegen halten.«

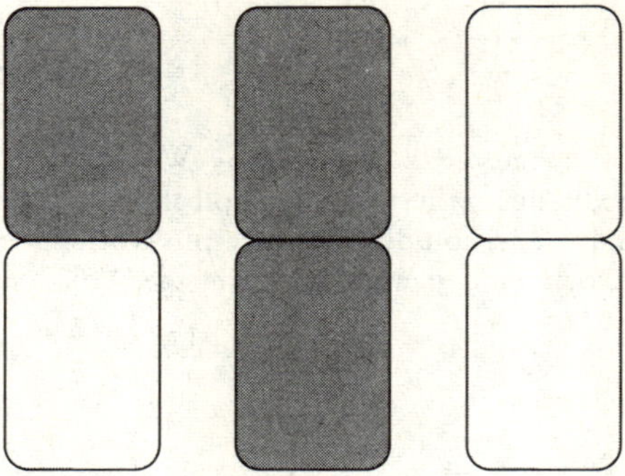

Abb. 5.1: Drei Spielkarten, auf Rück- und Vorderseite rot bzw. schwarz

Das ist aber falsch – diese Wette ist *nicht* fair (wie die meisten Wetten, die uns von anderen angeboten werden). Auch hier gewinnt auf lange Sicht die Bank, denn Schwarz ist viele wahrscheinlicher als Rot.

Die beiden möglichen Karten, von denen eine vor uns auf dem Spieltisch liegt, sind zwar gleich wahrscheinlich -entweder liegt da die Rot-Schwarz-Karte oder die Schwarz-Schwarz-Karte, jede mit einer Wahrscheinlichkeit von $1/2$ –, aber die beiden *Farben* sind *nicht* gleich wahrscheinlich. Denn Rot kann nur auf eine Weise unten liegen – als Rückseite von Schwarz-Rot. Schwarz dagegen kann auf zwei Weisen unten liegen: als Rückseite von Schwarz-Schwarz, aber auch als Vorderseite von Schwarz-Schwarz, so wie in Abbildung 5.2, wo die drei Möglichkeiten nochmals aufgelistet sind. Die obere Seite der Karte ist dabei diejenige, die beim Ziehen aus dem Hut tatsächlich oben liegt – also in unserem Beispiel immer Schwarz. Aber diese schwarze Seite kann auf drei verschiedene Arten oben liegen: als Vorderseite von

Schwarz-Rot, als Vorderseite von Schwarz-Schwarz und als Rückseite von Schwarz-Schwarz. Aber nur in einem dieser drei Fälle zeigt die Unterseite eine andere Farbe als die obere Seite.

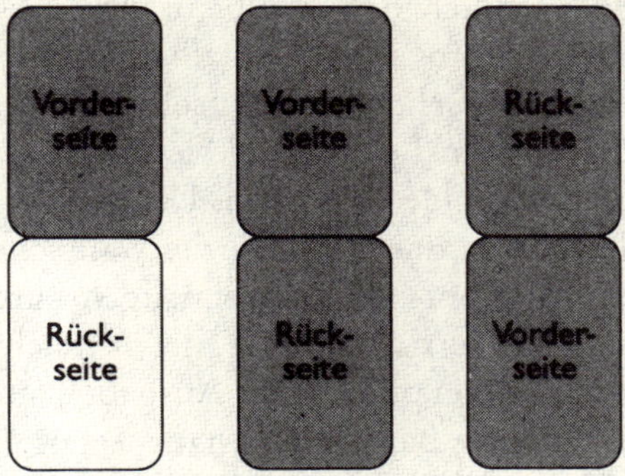

Abb. 5.2: Diese drei gleich wahrscheinlichen Möglichkeiten gibt es, eine Karte mit einer schwarzen Oberseite zu ziehen

*

Dieser Kartentrick ist eine Variante des berühmten Bertrandschen Schachtelparadoxons (nach dem französischen Mathematiker Joseph Bertrand, 1822-1900): Drei Schachteln enthalten zwei Goldmünzen (die erste Schachtel), zwei Silbermünzen (die zweite Schachtel) und eine Gold- und eine Silbermünze (die dritte Schachtel). Jetzt entnehmen wir einer Schachtel eine Münze und stellen fest: sie ist aus Gold. Mit welcher Wahrscheinlichkeit sind beide Münzen in der Schachtel Gold?

Hier argumentieren viele wie der Wettgegner des Bankhalters bei unserem Kartenspiel: »Die Silber-Silber-Schachtel ist es nicht. Also habe ich entweder in die Gold-Gold- oder die Gold-Silber-Schachtel erwischt, und da beide gleich wahrscheinlich sind, sind mit einer Wahrscheinlichkeit $1/2$ beide Münzen aus Gold.«

In Wahrheit sind natürlich mit einer Wahrscheinlichkeit von $2/3$

beide Münzen aus Gold, aus dem gleichen Grund, warum auch mit einer Wahrscheinlichkeit von $2/3$ beide Farben auf der Spielkarte unseres Jahrmarktgauklers identisch sind: Weil in zwei Fällen von drei sowohl die beiden Seiten der Spielkarte wie die beiden Münzen in der Schachtel die gleiche Farbe haben.

Dieser Fehler, nämlich daß wir beim Abzählen aller gleich wahrscheinlichen Ausgänge eines Zufallsexperimentes eine oder mehrere Varianten übersehen, passiert selbst großen Mathematikern. Der Franzose Jean Le Rond d'Alembert (1717-1783) z.B. beziffert in seiner zusammen mit Denis Diderot herausgegebenen berühmten 33-bändigen Encyclopédie die Wahrscheinlichkeit für »mindestens einmal Kopf« beim zweimaligen fairen Münzwurf mit $2/3$ und nicht wie es richtig wäre mit $3/4$ (nachzulesen unter dem Stichwort »Croix on pile« in der Ausgabe von 1754). So wie der Wettgegner unseres Bankhalters hatte er argumentiert: »Es gibt die drei Möglichkeiten ›einmal Kopf‹, ›zweimal Kopf‹ und ›keinmal Kopf‹, alle gleich wahrscheinlich, also beträgt die Wahrscheinlichkeit für ›mindestens einmal Kopf‹ genau $2/3$.«

Dabei hatte d'Alembert jedoch vergessen, daß »einmal Kopf« sowohl als Kopf-Zahl wie als Zahl-Kopf, also doppelt so häufig auftritt wie »zweimal Kopf« und »keinmal Kopf«.

Auch Gottfried Wilhelm Leibniz (1646-1716), der Mitbegründer der Differentialrechnung und einer der größten Mathematiker aller Zeiten, hat sich hier einmal einen kleinen Schnitzer erlaubt: Es sei ihm unbegreiflich, wie ihm erfahrene Würfelspieler versicherten, warum bei zwei Würfen die Augensumme neun wahrscheinlicher sei als die Augensumme zehn, aber bei drei Würfen die Augensumme zehn wahrscheinlicher sei als die Augensumme neun. Denn schließlich könne die Summe neun wie die Summe zehn in beiden Fällen auf gleich viele Arten anfallen, also müßten die Augensummen in beiden Fällen gleich wahrscheinlich sein.

Das ist aber falsch, wie wir uns durch Auflisten aller Möglichkeiten für eine Augensumme neun bzw. für eine Augensumme zehn leicht überzeugen. Bei zwei Würfen können diese Summen auf folgende Weisen entstehen:

Augensumme neun: (3,6) (6,3) (4,5) (5,4)
Augensumme zehn: (4,6) (6,4) (5,5)

Sowohl die Summe neun wie die Summe zehn kommen durch zwei Zahlenpaare zustande: die Summe neun durch drei und sechs sowie durch vier und fünf, die Summe zehn durch vier und sechs sowie durch fünf und fünf. Insofern hatte Leibniz also recht – beide Augensummen lassen sich durch je zwei Summanden bilden. Aber er hatte übersehen, daß hier auch die Reihenfolge der Summanden wichtig, und die Summe neun auf vier Arten, die Summe zehn aber nur auf drei Arten möglich ist.

Bei drei Würfen kehrt sich diese Reihenfolge um. Hier können wir auf 25 Arten die Augensumme neun und auf 27 Arten die Augensumme zehn erreichen, und zwar folgendermaßen:

Augensumme neun
(1,2,6) (1,6,2) (2,1,6) (2,6,1) (6,2,1) (6,1,2) (1,3,5) (1,5,3) (3,1,5) (3,5,1) (5,1,3) (5,3,1)
(2,3,4) (2,4,3) (3,2,4) (3,4,2) (4,2,3) (4,3,2) (1,4,4) (4,1,4) (4,4,1)
(2,2,5) (2,5,2) (5,2,2)
(3,3,3)

Augensumme zehn
(1,3,6) (1,6,3) (3,6,1) (3,1,6) (6,1,3) (6,3,1)
(2,3,5) (2,5,3) (3,2,5) (3,5,2) (5,2,3) (5,3,2)
(1,4,5) (1,5,4) (4,1,5) (4,5,1) (5,1,4) (5,4,1)
(3,3,4) (3,4,3) (4,3,3) (2,2,6) (2,6,2) (6,2,2) (2,4,4) (4,2,4) (4,4,2)

Bei zusammen 216 Möglichkeiten erhalten wir also eine Wahrscheinlichkeit von $^{25}/_{216}$ für eine Augensumme neun und eine Wahrscheinlichkeit von $^{27}/_{216}$ für eine Augensumme zehn.

Wie viele andere hatten d'Alembert und Leibniz auch hier vermutlich nur gezählt, *mit welchen Zahlen* neun bzw. zehn erreichbar sind: in beiden Fällen mit vier Zahlenmengen. Nur sind die Summen deshalb noch nicht gleich wahrscheinlich, weil sich die Summanden auf verschieden viele Weisen zu den Summen kombinieren lassen.

Literatur: Martin Gardner: Gotcha: Paradoxien für den Homo Ludens, München 1985 (Hugendubel); Gabor J. Szekely: Paradoxa: Klassische und neue Überraschungen aus Wahrscheinlichkeitstheorie und mathematischer Statistik, Frankfurt 1990 (Deutsch).

Abb. 5.3: Auch sie hatten gewisse Probleme mit Wahrscheinlichkeiten: Jean Le Rond d'Alembert (oben links), Gottfried Wilhelm Leibniz (oben rechts) und Geronimo Cardano (unten).

Der folgenschwere Irrtum des Chevalier de Méré

Ein großer Teil der Wahrscheinlichkeitstheorie, so wie wir sie heute kennen, ist aus Irrtümern entstanden, vor allem aus Irrtümern beim Kartenspielen und Würfeln. Am bekanntesten ist dabei wohl der folgenschwere Irrtum des Chevalier de Méré, eines französischen Hobbygelehrten und Provinzadeligen, der wie viele Müßiggänger des 17. Jahrhunderts viel Zeit mit Glücksspielen verbrachte. Dieser Chevalier bat einen Bekannten, den berühmten Mathematiker und Philosophen Blaise Pascal, wegen eines Würfelspiels um Rat, das damals in den Salons von Paris in großer Mode war: Ein Spieler macht vier Würfe. Kommt dabei keine Sechs, hat er gewonnen; kommt dagegen mindestens eine Sechs, gewinnt die Bank.

Wie die meisten Spieler schon damals wußten, bevorzugt dieses Spiel die Bank (nur um ein geringes, aber immerhin): die Wahrscheinlichkeit für »keine sechs bei vier Würfen« beträgt

$$(5/6)^4 = 0{,}48 = 48\% \ ,$$

und das ist kleiner als $1/2$.

Zum Ausrechnen dieser Wahrscheinlichkeit haben wir die gleiche Regel verwendet, die uns auch schon beim Geburtstagsparadox geholfen hat und uns noch an vielen anderen Stellen helfen wird, daß nämlich die Wahrscheinlichkeit, daß mehrere unabhängige Ereignisse alle zusammen eintreten, gerade dem Produkt der einzelnen Wahrscheinlichkeiten entspricht (die sogenannte »Multiplikationsregel« für Wahrscheinlichkeiten): die Wahrscheinlichkeit, im ersten Wurf keine Sechs zu werfen, beträgt $5/6$, und dito im zweiten, dritten und auch vierten Wurf. Und da der Würfel sich bei einem bestimmten Wurf einen Teufel um den Ausgang der anderen Würfe schert, sind die Ergebnisse der Teilexperimente unabhängig voneinander, und die Wahrscheinlichkeit für »keine Sechs« ist das Produkt der einzelnen Wahrscheinlichkeiten.

Nun schlugen manche Spieler die folgende Variante vor: Statt mit einem Würfel werfen wir mit zwei, und statt viermal werfen wir 24mal. Kommt dabei keine Doppel-Sechs, gewinnt der Spieler; kommt mindestens eine Doppel-Sechs, gewinnt die Bank. Dieses Spiel dauert zwar länger, läßt die Chancen aber gleich – so glaubte man. »Denn die Wahrscheinlichkeit für eine Doppel-Sechs bei zwei Würfen beträgt $1/6$ der Wahrscheinlichkeit für eine einfache Sechs bei einem Wurf«, so das Argument. »Zum Ausgleich würfeln wir sechsmal so oft, nämlich 24mal statt viermal, und deshalb bleiben die Gewinnchancen für beide Parteien die gleichen wie zuvor.«

In Wahrheit schien die Bank bei dieser zweiten Variante im Gegensatz zur ersten aber eher zu verlieren, und das kam vielen Spielern spanisch vor; sie kassierten hoch erfreut die eigenen Gewinne, aber erklären konnten sie sie nicht.

Schon der große italienische Mathematiker Geronimo Cardano (1501-1576) hatte sich an dieser Frage die Zähne ausgebissen. »Bei einem Doppel-Wurf beträgt die Wahrscheinlichkeit für eine Doppel-Sechs genau eins zu sechsunddreißig«, so meinte er. »Also beträgt die Wahrscheinlichkeit für eine Doppel-Sechs bei zwei Versuchen das Doppelte, d.h. zwei zu sechsunddreißig, bei drei Versuchen das Dreifache, und so weiter. Bei achtzehn Versuchen beträgt sie also achtzehn zu sechsunddreißig gleich $1/2$, und bei mehr als achtzehn Versuchen damit mehr als $1/2$. Ergo ist die Bank, wenn sie auf mindestens eine Doppel-Sechs wettet, bei vierundzwanzig Doppel-Würfen gegenüber dem Spieler im Vorteil.«

Aber die Bank ist bei vierundzwanzig Doppel-Würfen eben nicht im Vorteil; auch Cardano denkt hier falsch, wie schon der Chevalier de Méré. Er irrt, weil die Wahrscheinlichkeit für eine Doppel-Sechs bei zwei Versuchen eben nicht doppelt so groß und bei achtzehn Versuchen nicht achtzehnmal so groß ist wie bei einem Versuch; solche Wahrscheinlichkeiten kann man nicht addieren.

*

Diesen Fehler, nämlich Wahrscheinlichkeiten einfach zu addieren, machen auch noch heute viele, wenn sie etwa über die Zahl der Versuche spekulieren, die man bis zum ersten Hauptgewinn im Lotto braucht. »Bei einem Versuch ist die Wahrscheinlichkeit für sechs Richtige eins zu vierzehn Millionen«, kann man immer wieder hören oder in der Presse lesen, »also braucht man vierzehn Millionen Versuche, um mit Sicherheit sechs Richtige zu haben.«

In Wahrheit kann man aber schon beim ersten Versuch sechs Richtige haben, oder beim zweiten, dritten, vierten oder fünften, oder beim 65sten, oder erst nach hundert Millionen Versuchen oder mehreren Milliarden. Im Durchschnitt über alle solchen unsterblichen Dauerspieler kommt tatsächlich nach vierzehn Millionen Versuchen der erste Haupttreffer zustande, aber ein konkreter Lottospieler kann natürlich auch nach vierzehn Millionen Versuchen immer noch ohne Hauptgewinn dastehen. Die Wahrscheinlichkeit dafür beträgt

$$(13\,983\,815/13\,983\,816)^{13983816} = 0{,}36 = 36 \text{ Prozent.}$$

Aber auch der Chevalier de Méré hat sich geirrt. Denn die sogenannte »Proportionalregel für kritische Werte«, die er wie alle anderen Spieler damals benutzte, ist genauso falsch wie das Argument von Cardano. Nach dieser Proportionalregel braucht man bei der halben Wahrscheinlichkeit doppelt soviele Versuche, damit ein bestimmtes Ereignis mit vorgegebenen Wahrscheinlichkeit mindestens einmal eintritt, bei einer Wahrscheinlichkeit von $1/3$ der ursprünglichen braucht man dreimal soviele Versuche, bei einer Wahrscheinlichkeit von einem Viertel der ursprünglichen viermal soviele und so weiter. Oder auf das Problem der Doppel-Sechsen angewandt: Wenn man vier Versuche braucht, um mit einer Wahrscheinlichkeit von $1/2$ eine Sechs zu werfen, so braucht man sechsmal soviele Versuche für ein Doppel-Sechs (denn die Wahrscheinlichkeit für eine Doppel-Sechs bei einem Doppel-Wurf beträgt $1/6$ der Wahrscheinlichkeit für eine einfache Sechs bei einem einfachen Wurf), 36mal soviel Versuche für eine Dreifach-Sechs etc.

Diese Regel ist aber allenfalls als grobe Näherung zu brauchen, wie Pascal dem Chevalier bewies: Die Wahrscheinlichkeit, daß

Abb. 5.4: Diese beiden begründeten mit ihrer Debatte über das Würfeln die moderne Wahrscheinlichkeitstheorie: Blaise Pascal (links) und der Chevalier de Méré (rechts)

ein Ereignis von der Wahrscheinlichkeit $^1/_6$ in zwei unabhängigen Versuchen *niemals* eintritt, ist

$$(1 - {}^1/_6)^2 = ({}^5/_6)^2,$$

die Wahrscheinlichkeit, daß es in drei Versuchen niemals eintritt, ist

$$(1 - {}^1/_6)^3 = ({}^5/_6)^3,$$

und so weiter (das ist nochmal die Multiplikationsregel in Aktion). Also ist die Wahrscheinlichkeit, daß dieses Ereignis *mindestens einmal* eintritt, gerade Eins minus die Wahrscheinlichkeit, daß es niemals eintritt, bei zwei Würfen also $1 - ({}^5/_6)^2$, bei drei Würfen $1 - ({}^5/_6)^3$ etc., und dieser Ausdruck ist ab vier Würfen größer als $^1/_2$.

Hat das fragliche Ereignis die Wahrscheinlichkeit $^1/_{36}$, so tritt es mit einer Wahrscheinlichkeit von

$$1 - (35/36)^{24}$$

in vierundzwanzig Versuchen mindestens einmal ein, und das ist kleiner als ½ (genau 0,49 = 49 Prozent). Erst ab fünfundzwanzig Versuchen wird dieser Ausdruck größer als ½, und deshalb ist es überhaupt nicht überraschend, daß die auf mindestens eine Doppel-Sechs wettende Bank bei diesem Spiel auf lange Sicht verliert.

Literatur: Oystein Ore: »Pascal and the invention of probability theory«, The American Mathematical Monthly 67, 1960, 409-419; Florence N. David: Games, gods and gambling, London 1962 (Griffin).

Was chinesische Würfel, lahme Pferde und Erdbeertorten gemeinsam haben

Neben »normalen« Würfeln mit den Augenzahlen Eins bis Sechs kann man in manchen Geschäften auch sogenannte »chinesische Würfel« kaufen, bei denen manche Zahlen öfter als einmal, andere dagegen gar nicht vorkommen:

Würfel A: 6, 6, 2, 2, 2, 2
Würfel B: 5, 5, 5, 5, 1, 1
Würfel C: 4, 4, 4, 3, 3, 3

Diese Würfel haben eine paradoxe Eigenschaft: Würfel A schlägt Würfel B (d.h. er zeigt im Durchschnitt eine höhere Augenzahl als B), Würfel B schlägt Würfel C, und Würfel C schlägt Würfel A.

Bei jedem paarweisen Vergleich gibt es sechsundreißig mögliche Augenpaare. Vergleichen wir A und B, gehört, wie man leicht nachrechnet, in zwanzig dieser Fälle die größere Zahl zu A. Mit anderen Worten, A gewinnt öfter als B. Vergleichen wir B mit C, gehört in vierundzwanzig von sechsundreißig Fällen die höhere Augenzahl zu B; mit anderen Worten, B gewinnt öfter als C. Und vergleichen wir die Würfel A und C, stellen wir fest: bei vierundzwanzig von sechsunddreißig Augenpaaren gehört die höhere Augenzahl zu C.

Das scheint vielen Menschen mit der Logik nicht verträglich. »Wenn A besser ist als B, und B besser ist als C, dann ist natürlich auch A besser als C.«

Aber in Wahrheit ist A nicht besser als C, sondern schlechter.

*

Wir haben es hier mit einer sogenannten »intransitiven Relation« zu tun, wie sie zum ersten Mal von dem französischen Mathematiker und Philosophen Antoine Marquis de Condorcet (1743-1794) im Kontext von Wahlen betrachtet worden ist. Solche intransitiven Relationen überraschen uns vor allem deshalb immer wieder, weil die meisten Relationen vom Typ »besser«, »größer« oder »lieber haben«, die uns im Alltag begegnen, sogenannte »transitive« Relationen sind: Karl-Heinz ist größer als Kurt, Kurt ist größer als Siegfried, also ist Karl-Heinz größer als Siegfried. Ein BMW ist teurer als ein Mazda, ein Mazda ist teurer als ein Fiat, also ist ein BMW teurer als ein Fiat, und so weiter.

Aber schon in diesem Alltag begegnen uns zahlreiche intransitive Relationen: Stein schlägt Schere, Schere schlägt Papier, und Papier schlägt Stein. Köln gewinnt im Fußball meistens gegen Stuttgart, Stuttgart gewinnt meistens gegen München, und München gewinnt meistens gegen Köln, und andere Größer-Kleiner-Beziehungen mehr, die sich entgegen unserer Erwartung nicht immer vererben.

Solche intransitiven Relationen lassen sich sehr leicht zum Übertölpeln ahnungsloser Zeitgenossen nützen, etwa indem wir um Geld würfeln (die höchste Zahl gewinnt) und das Opfer einen der drei China-Würfel wählen lassen. Welchen Würfel er auch wählt, wir können immer einen anderen Würfel finden, der diesen Würfel schlägt.

Das gleiche können wir auch mit Karten machen, so wie in Abbildung 5.5. Die Karten liegen verdeckt in drei Haufen auf dem Tisch, jeder darf einen Haufen wählen und daraus eine Karte ziehen, die höhere der Karten sticht (mit As als Eins). Welchen Kartenhaufen das Opfer auch wählt – wir können immer einen anderen Kartenhaufen finden, so daß unsere Chancen die des Gegners übersteigen.

Abb. 5.5: Drei Haufen à drei Karten: Welchen Haufen wir auch wählen, es gibt immer einen anderen, der diesen Haufen schlägt

*

Dieses Verwirrspiel mit intransitiven Relationen bei Wetten und Würfeln ist amüsant, aber ungefährlich. Ernster werden die Konsequenzen in dem Kontext, in dem diese intransitiven Relationen von Condorcet zum ersten Mal betrachtet worden sind, bei Wahlen in der Politik. Angenommen etwa, die Zahlen auf den Würfeln A, B, C sind Noten, die die Wähler an drei Politiker verteilen (je höher die Note, desto besser): Politiker A bekommt bei einem Drittel der Wähler sechs Punkte und bei zwei Dritteln zwei Punkte. Politiker B bekommt bei zwei Dritteln der Wähler fünf Punkte und bei einem Drittel einen Punkt, und Politiker C bekommt bei der einen Hälfte der Wähler vier Punkte und bei der anderen Hälfte drei. Dann wird bei einem direkten Vergleich sowohl A gegen B als auch B gegen C gewinnen, aber A gegen C verlieren! Aber wie bei unseren chinesischen Würfeln ist hier keine Hexerei, sondern nur eine intransitive Präferenzrelation im Spiel.

Diese intransitive kollektive Präferenzrelation hängt nicht von intransitiven individuellen Entscheidungen ab. Auch wenn alle Wähler einzeln transitiv entscheiden, also alle Kandidaten richtig ordnen – das Wahlsystem als ganzes kann je nach seiner Ausgestaltung aus transitiven individuellen Präferenzen sehr leicht intransitive kollektive Präferenzen konstruieren, und dieser Sachverhalt hat in der Theorie des sogenannten »Social Choice« schon für viel Aufregung gesorgt. Denn das Endergebnis einer Wahlentscheidung hängt dann oft entscheidend davon ab, wie und in welcher Reihenfolge man wählt, so daß der letztendliche Sieger seinen Sieg oft nur der Wahlordnung verdankt. So spricht z.B. etliches dafür, daß bei einem anderen Wahlmodus die deutsche Hauptstadt in Bonn geblieben wäre, oder daß die Stadt Atlanta die Olympischen Spiele 1996 bei einem anderen Wahlverfahren nicht bekommen hätte. Aber diese faszinierenden Probleme haben ein eigenes Buch verdient und können hier nur angerissen werden.

*

Gehen wir zurück zum Würfeln. Für unsere speziellen chinesischen Würfel haben wir gesehen, daß die Wahrscheinlichkeiten für »A schlägt B«, »B schlägt C« und »C schlägt A« alle größer waren als $1/2$, mit einem Minimum von 20/36 = 0,555... .

Dieses Minimum ist durchaus noch nicht das größte mögliche. Man kann zeigen, daß bei anderen Würfeln sogar ein Minimum von

$$(\sqrt{5}-1)/2 = 0{,}618\ldots$$

erreichbar ist, und daß dieses Minimum mit wachsender Zahl von Würfeln sogar noch größer wird; es nähert sich einem Grenzwert von 0,75. Mit anderen Worten: wenn die Alternativen zunehmen, die wir vergleichen, wird das Problem nicht kleiner, sondern größer; je mehr Menschen sich in einem Kreis die Hände geben, desto größer können die Wahrscheinlichkeiten werden, daß jeder gegen seinen linken Nachbarn gewinnt und gegen seinen rechten Nachbarn verliert.

Betrachten wir etwa vier Würfel, die wie folgt beschriftet sind:

Würfel A: 7, 7, 7, 7, 1, 1
Würfel B: 6, 6, 5, 5, 4, 4
Würfel C: 9, 9, 3, 3, 3, 3
Würfel D: 8, 8, 8, 2, 2, 2

Hier gewinnt A gegen B mit einer Wahrscheinlichkeit von $^2/_3$, B gegen C mit einer Wahrscheinlichkeit von $^2/_3$, C gegen D mit einer Wahrscheinlichkeit von $^2/_3$, und auch D gegen A mit einer Wahrscheinlichkeit von $^2/_3$. Auch hier braucht man, um das zu sehen, nur für jedes dieser Pärchen alle 36 möglichen Augenpaare aufzulisten. Wie schon mit den chinesischen Würfeln von vorhin kann man als Eingeweihter also auch mit solchen Würfeln nur gewinnen: Man läßt zuerst den Gegner einen Würfel wählen und nimmt dann denjenigen unter den verbleibenden Würfeln für sich selbst, der diesen ersten Würfel schlägt. Denn wie wir hier gesehen haben, kann man unabhängig von der Wahl des Gegners immer einen solchen Würfel finden ...

*

Noch paradoxer werden die Vergleiche, wenn wir von Paaren zu Tripeln übergehen. Nehmen wir ein Pferderennen. Angenommen, wir wissen, daß Pferd A im direkten Vergleich meistens gegen die Pferde B und C gewinnt. Und auch Pferd B gewinnt meistens gegen C. Dann laufen alle zusammen, und wer gewinnt? Pferd C!

Das muß nicht geschehen, aber es kann geschehen, und zwar so: Pferd A läuft die fragliche Strecke immer konstant in einer Minute und vier Sekunden. Pferd B ist launenhafter: Es braucht für die Strecke eine Minute und eine, drei oder fünf Sekunden, mit den Wahrscheinlichkeiten 22 Prozent, 22 Prozent und 56 Prozent, und für Pferd C sind die Zeiten eine Minute und zwei bzw. sechs Sekunden, mit Wahrscheinlichkeiten 49 Prozent und 51 Prozent. Wenn diese Pferde diese Zeiten unabhängig voneinander mit diesen Wahrscheinlichkeiten realisieren, gewinnt A gegen B mit Wahrscheinlichkeit 56 Prozent und gegen C mit Wahrscheinlichkeit 51 Prozent. Und auch B gewinnt meistens gegen C, nämlich mit Wahrscheinlichkeit 61,78 Prozent. Bei einem direkten Vergleich, egal mit wem, bleibt also C in aller Regel zweiter Sieger.

Aber wenn alle drei zusammen laufen, gewinnt A mit Wahrscheinlichkeit 28,56 Prozent, B mit Wahrscheinlichkeit 33,22 Prozent und C mit Wahrscheinlichkeit 38,22 Prozent! Mit anderen Worten, das lahmste Pferd gewinnt!

Dieses Paradox läßt sich in viele Kleider stecken. Nehmen wir die Wahl des Nachtischs in unserem Lieblingsrestaurant. Es gibt Himbeerpudding und Erdbeertorte, wobei die Qualität sehr unterschiedlich und variabel ist: Auf einer Skala von eins (miserabel) bis sechs (hervorragend) hat Himbeerpudding immer eine Drei, während Erdbeertorte mit Wahrscheinlichkeit 51 Prozent sehr schlecht ist (eins) und mit Wahrscheinlichkeit 49 Prozent recht gut (fünf). Ein Gast, der sicher gehen will, immer das bessere der beiden zu bestellen, wird also Himbeerpudding wählen – dann ist die Wahrscheinlichkeit am größten, den besseren Nachtisch von den beiden zu bestellen.

Aber zuweilen steht auch Schokoladenpudding auf der Karte, mit den möglichen Qualitätsstufen zwei (Wahrscheinlichkeit 56 Prozent) sowie vier und sechs (jeweils mit Wahrscheinlichkeit 22 Prozent).

Kellner: »Soll ich Ihnen wieder Ihren Himbeerpudding bringen?«

Gast: »Nein, wo ich sehe, daß Sie heute auch Schokoladenpudding haben, bringen Sie mir lieber Erdbeertorte.«

Was auch immer der Kellner jetzt denkt – ein Gast, der die Wahrscheinlichkeit maximieren möchte, den besten Nachtisch zu bestellen, muß ganz klar die Erdbeertorte wählen.

Literatur: Antoine Marquis de Condorcet: Essai sur l'application de l'analyse à la probabilité des décisions rendues à la pluralité des voix, Paris 1785 (Imprimerie Royale); Z. Usiskin: »Max-min probabilities in the voting paradox«, Annals of Mathematical Statistics 35, 1964, 857-862; Colin R. Blyth: »Some probability paradoxes in choice from among random alternatives«, Journal of the American Statistical Association 67, 1972, 366-373; Martin Gardner: »On the paradoxical situations that arise from nontransitive relations«, Scientific American, Oktober 1974, 120-125; Mary Rouncefield und David Green: »Condorcet's Paradoxon«, Stochastik in der Schule 1990/1, 20-25; Wolfgang Leininger: »The fatal vote: Berlin versus Bonn«, Finanzarchiv 50, 1993, 1-20.

Das Paradox des zweiten Asses

Wir spielen Skat. Jeder Spieler hat zehn Karten (von insgesamt zweiunddreißig), und ich frage meinen Nachbarn, bevor ich meine eigenen Karten anschaue: »Hast Du ein As?«

Das ist natürlich streng verboten. Alle Skatfreunde daher bitte für einen Augenblick die Spielregeln vergessen, und meinem Nachbarn zuhören. Angenommen, er oder sie sagt (ehrlich, aber entgegen den Spielregeln): »Ja«. Mit welcher Wahrscheinlichkeit hat er oder sie ein zweites As?

Stattdessen hätte ich auch fragen können: »Hast Du das Pik-As?« Angenommen, er oder sie sagt wieder ja. Mit welcher Wahrscheinlichkeit hat er oder sie ein zweites As?

Diese Wahrscheinlichkeiten sind nicht die gleichen. Im ersten Fall beträgt die Wahrscheinlichkeit für ein zweites As 46,2 Prozent, und im zweiten Fall beträgt die Wahrscheinlichkeit für ein zweites As 65,7 Prozent. Mit anderen Worten, wenn ich weiß, daß mein Nachbar das Pik-As besitzt, ist die Wahrscheinlichkeit für ein weiteres As viel größer als wenn ich nur weiß, daß er *irgendein* As besitzt.

Um das zu sehen, müssen wir nur zählen, wieviele Blätter à zehn Karten es gibt, die mindestens ein As enthalten (es sind, wenn mein Computer richtig gerechnet hat, 51 389 130). Von diesen mehr als fünfzig Millionen Zehner-Blättern mit mindestens einem As enthalten insgesamt 23 761 530 mindestens noch ein weiteres As, d.h. die bedingte Wahrscheinlichkeit für »mindestens zwei Asse«, gegeben ein As ist schon vorhanden, beträgt

$$\frac{23\,761\,530}{51\,389\,130} = 46{,}2 \text{ Prozent.}$$

Und genauso berechnen wir die andere Wahrscheinlichkeit: Insgesamt gibt es 20 160 075 Zehner-Blätter, die das Pik-As enthalten. Davon enthalten 13 253 175 mindestens noch ein weiteres As – mit anderen Worten, die bedingte Wahrscheinlichkeit für zwei Asse ist jetzt

$$\frac{13\,253\,175}{20\,160\,075} = 65{,}7 \text{ Prozent}$$

und damit weitaus größer als sie vorher war.

Das fällt vielen Menschen schwer zu glauben, und ist auch in diesem Beispiel nur schwer nachzurechnen. Betrachten wir das Ganze deshalb einmal für den etwas einfacheren Fall, daß wir nur vier statt zweiunddreißig Karten haben, etwa Herz-As, Pik-As, Herz-Bube und Pik-Bube; außerdem enthält das Blatt statt zehn Karten nur zwei. Dann läßt sich das Paradox des zweiten Asses leicht »von Hand« nachvollziehen, denn es gibt jetzt nur sechs statt mehr als fünfzig Millionen Möglichkeiten für die ausgeteilten Karten. Diese sechs Möglichkeiten sind:

{HA,PA} {HB,PA} {PB,PA} {HA,PB} {HA,HB} {PB,HB}

Von diesen sechs Zweier-Blättern enthalten fünf, nämlich alle bis auf das letzte, mindestens ein As. Aber nur in einem dieser fünf Fälle, nämlich im ersten, enthält das Blatt auch noch ein zweites As. Wenn wir also wissen »der Spieler hat ein As«, so hat er in einem von fünf Fällen noch ein weiteres As. Oder in Wahrscheinlichkeiten ausgedrückt: Die bedingte Wahrscheinlichkeit für »Zwei Asse«, gegeben wir wissen, daß mindestens ein As vorhanden ist, beträgt $1/5$ oder zwanzig Prozent.

Wenn wir dagegen wissen, daß der Spieler das Pik-As besitzt, bleiben nur noch die ersten drei der oben aufgeführten Blätter übrig. In einem dieser drei Fälle ist noch ein weiteres As vorhanden, also beträgt die bedingte Wahrscheinlichkeit für »zwei Asse, gegeben das Pik-As ist schon vorhanden« nicht $1/5$, sondern $1/3$.

*

Dieses Paradox begegnet uns in verschiedenen Verkleidungen auch anderswo, etwa bei der Frage nach dem zweiten Mädchen: Ich treffe einen alten Bekannten, ich weiß, er hat zwei Kinder, ich frage: »Ist darunter auch ein Mädchen?«, er sagt ja. Mit welcher Wahrscheinlichkeit sind beide Kinder Mädchen?

Diese Wahrscheinlichkeit ist anders als die meisten glauben und insbesondere *nicht* die gleiche wie die Wahrscheinlichkeit für »zwei Mädchen«, wenn ich frage: »Ist das *erste* Kind ein Mädchen?« Wenn wir einmal unterstellen, daß Jungen- und Mädchengeburten gleich wahrscheinlich sind (das stimmt nur näherungsweise – auf 100 Mädchen kommen im langjährigen deutschen Durchschnitt 106 Jungen), und daß außerdem das Geschlecht des ersten Kindes keinen Einfluß auf das Geschlecht des zweiten Kindes hat, ist die erste Wahrscheinlichkeit $1/3$ und die zweite Wahrscheinlichkeit $1/2$.

Das Argument »Wenn ich weiß, ein Kind ist ein Mädchen, und Jungen wie Mädchen gleich wahrscheinlich sind, dann ist mit einer Wahrscheinlichkeit von $1/2$ das zweite Kind ebenfalls ein Mädchen« ist also in dieser Allgemeinheit falsch. Es gilt nur, wenn wir wissen, daß ein *ganz bestimmtes* Kind ein Mädchen ist; es ist falsch, wenn wir nur wissen, daß *mindestens eins* der beiden Kinder ein Mädchen ist.

Das klingt zwar paradox, ist aber sehr leicht einzusehen. Bei zwei Kindern gibt es insgesamt die folgenden vier Möglichkeiten

(Junge, Junge), (Junge, Mädchen), (Mädchen, Junge),
(Mädchen, Mädchen),

die unter unseren Annahmen alle gleich wahrscheinlich sind. Daher beträgt die Wahrscheinlichkeit für »zwei Mädchen«, wenn wir nur wissen, daß unser Freund zwei Kinder hat, genau 1/4.

Wenn wir dagegen wissen, daß mindestens eines der Kinder ein Mädchen ist, fällt die erste Variante weg. Da die drei übrigen Varianten alle gleich wahrscheinlich sind, und nur eine davon aus zwei Mädchen besteht, beträgt die Wahrscheinlichkeit für »zwei Mädchen« jetzt 1/3.

Anders dagegen, wenn wir wissen, daß das *erste* Kind ein Mädchen ist. Jetzt fallen die ersten *beiden* Paare aus, und da von den verbleibenden zwei Pärchen genau eines aus zwei Mädchen besteht, beträgt die Wahrscheinlichkeit für »zwei Mädchen« jetzt 1/2.

Wie beim Paradox des zweiten Asses wird auch hier die Menge aller Möglichkeiten durch verschiedene Zusatzinformationen verschieden eingeschränkt, so daß daher auch die bedingten Wahrscheinlichkeiten je nach Bedingung andere Werte haben können – eine Erkenntnis, die in dieser Allgemeinheit sicher niemanden erstaunt. Aber in konkreten Anwendungen sind wir doch immer wieder überrascht.

Literatur: Martin Gardner: Gotcha: Paradoxien für den Homo ludens, München 1985.

6. Kapitel

Unerwartete Erwartungswerte

»Wer nichts Unerwartetes erwartet, wird das Unerwartete nicht finden, weil es schwer aufspürbar und unzugänglich ist.«

Heraklit

Regression zum Mittelmaß, oder warum das Essen beim zweiten Mal oft schlechter schmeckt

Kennen Sie das? Man ißt in einem Restaurant, es schmeckt phantastisch, man kommt wieder, und man ist enttäuscht: beim zweiten Mal war alles nur noch halb so gut.

Dieses Phänomen ist kein Zeichen für den Niedergang der deutschen Küche, auch nicht unbedingt eine Folge davon, daß wir beim ersten Mal zu wenig Trinkgeld gegeben haben, sondern fast schon zu erwarten: es ist die sogenannte »Regression zum Mittelwert« (von lat. regredi=zurückgehen), oder in normalem Deutsch, die völlig normale und alles andere als überraschende Tendenz von Zufallsvariablen, nachdem sie einmal über ihren langfristigen Durchschnitt hinausgeschossen sind, beim nächsten Mal dorthin zurückzukehren.

Das Paradebeispiel einer Zufallsvariablen sozusagen in Reinkultur ist die Augenzahl bei Würfeln. Sie kann die Werte 1, 2, 3, 4, 5 und 6 annehmen, jeden mit einer Wahrscheinlichkeit von $1/6$; ihr sogenannter »Erwartungswert«, also der langfristige Durchschnitt der gewürfelten Augen, beträgt

$$\frac{1+2+3+4+5+6}{6} = 3{,}5.$$

Damit hat ein Wurf über dem Erwartungswert, also eine 4, 5 oder

6, in der Regel einen kleineren oder bestenfalls gleich großen Nachfolger. Nehmen wir eine Vier; dann liefert der nächste Wurf mit einer Wahrscheinlichkeit von $^1/_2$ eine 1, 2 oder 3, und mit Wahrscheinlichkeit $^1/_3$ eine Fünf oder eine Sechs. Mit anderen Worten, die Reise geht eher nach unten als nach oben; wenn wir den Durchschnitt einmal überschritten haben, bewegen wir uns eher dahin zurück als nochmals weiter weg.

Ganz offensichtlich ist das bei der Sechs. Denn dann kann der nächste Wurf unmöglich größer werden – die Wahrscheinlichkeit für einen weiteren Schritt nach oben ist Null, verglichen mit einer Wahrscheinlichkeit von $^5/_6$ für einen Schritt nach unten.

Spiegelverkehrt unterhalb des langfristigen Durchschnitts: Bei einer Zwei z.B. geht es mit Wahrscheinlichkeit von $^2/_3$ im nächsten Wurf nach oben und mit einer Wahrscheinlichkeit von $^1/_6$ im nächsten Wurf nach unten, und bei einer Eins kann es überhaupt nicht tiefer, sondern nur noch höher gehen.

*

Das ist im Prinzip nicht schwer einzusehen. Aber trotzdem wundern sich die Leute immer wieder, wenn ihnen dieses Phänomen im Alltag widerfährt. »CDU blickt entsetzt nach Cloppenburg und Vechta«, lese ich nach der Bundestagswahl 1994. »In ihrer Hochburg Nr. 1 erreichte die Union mit 63,8 Prozent nicht nur ihr bestes Zweitstimmen-Ergebnis in Niedersachsen, hier büßte sie auch die meisten Punkte ein. 1990 hatte sie in diesem Wahlkreis noch 69,7 Prozent eingefahren.« Und dann folgt eine lange Analyse, woran das denn gelegen haben könnte.

Liebe CDU-Strategen: an der Regression zum Mittelwert! Wo sonst sollen denn die Anteile fallen, wenn nicht in den Hochburgen! Mehr als hundert Prozent der Stimmen sind auf dieser Erde nicht zu holen, und je näher man an diese Grenze kommt, desto größer wird die Wahrscheinlichkeit, Wahlkampf hin oder her, daß der nächste Schritt nach unten geht.

Das heißt nicht, daß der Stimmenanteil in Hochburgen abnehmen *muß*. Aber die Wahrscheinlichkeit für eine Abnahme ist größer als die Wahrscheinlichkeit für eine Zunahme. Zuweilen gewinnt eine Partei auch in den Hochburgen dazu oder wird in schwachen Wahlbezirken nochmals schwächer, aber das sind Ausnahmen. Von politischen Erdrutsch-Niederlagen oder -Siegen einmal abgesehen, kommen auf eine nochmals übertrumpfte Hochburg zehn andere, in der die Resultate sich verschlechtern, und auf einen nochmals abgeschwächten schwachen Wahlkreis zehn andere, wo die Lage sich verbessert.

Ein anderes Beispiel: In der israelischen Luftwaffe sollen es die Fluglehrer vermeiden, wie die Psychologen Kahnemann und Tverski berichten, ihre Schüler nach besonders guten Landungen zu loben – denn dann wird die nächste Landung meistens schlechter. Dagegen dürfen sie nach einer schlechten Landung durchaus tadeln, denn dann wird die nächste Landung meistens besser.

In Wahrheit haben aber Lob und Tadel mit der Qualität der Landung kaum etwas zu tun: Nach einer besonders guten Landung kann man sich das nächste Mal doch nur verschlechtern, und nach einer besonders schlechten Landung kann die nächste doch nur besser werden.

*

Diese Regression zum Mittelwert durchzieht alle Ecken und Enden unseres Lebens: Kinder von sehr großen Eltern sind in der Regel kleiner als ihre Eltern, Kinder von sehr kleinen Eltern dagegen größer; nach einem außergewöhnlich schönen Sommer ist das Wetter ein Jahr später eher schlechter, nach einem außergewöhnlich verregneten Sommer aber eher besser; in Ländern mit besonders hohem Bierkonsum wie in Deutschland oder Belgien geht der Bierkonsum zurück, in Ländern mit niedrigem Konsum wie in Italien oder Spanien nimmt er zu; auf einen besonders guten Weinjahrgang folgt nur selten ein noch besserer, öfter dagegen ein schlechterer; der Nachfolger eines erfolgreichen Films ist in aller Regel weniger erfolgreich, und die Supersportler der einen Saison legen nur selten in der nächsten nochmals weiter zu. Meistens sind sie schlechter.

Die folgende Tabelle illustriert diese Regression zum Mittelwert anhand der Torschützenkönige der ersten dreißig Fußball-Bundesligajahre; sie zeigt die Tore in dem Schützenkönig-Jahr, und in Klammern die Tore ein Jahr später (ohne Spieler, die die Bundesliga in der folgenden Saison verließen). Wie wir sehen, konnten nur zwei der Meisterschützen, Karl-Heinz Rummenige und Gerd Müller, ihre Trefferzahl im nächsten Jahr erhöhen. Alle anderen trafen das Jahr später schlechter. Aber nicht, weil sie das Toreschießen auf einmal verlernt hätten, sondern weil sie wieder zu ihrer »normalen« Leistung zurückgefunden hatten.

Name	Tore
Uwe Seeler, HSV	30 (14)
Rudi Brunnenmeier, 1860 München	24 (15)
Lothar Emmerich, Bor. Dortmund	31 (28)
Gerd Müller, Bayern München	28 (19)
Lothar Emmerich, Bor. Dortmund	28 (18)
Johannes Löhr, 1. FC Köln	27 (7)
Gerd Müller, Bayern München	31 (38)
Gerd Müller, Bayern München	38 (22)
Lothar Kobluhn, RW Oberhausen	24 (1)
Gerd Müller, Bayern München	40 (36)
Gerd Müller, Bayern München	36 (30)
Gerd Müller, Bayern München	30 (23)
Jupp Heynckes, Bor. M'gladbach	27 (12)
Klaus Fischer, Schalke 04	29 (24)
Dieter Müller, 1. FC Köln	34 (24)
Dieter Müller, 1. FC Köln	24 (8)
Klaus Allofs, Fort. Düsseldorf	22 (16)
K.-H. Rummenigge, B. München	26 (29)
K.-H. Rummenigge, B. München	29 (14)
Horst Hrubesch, HSV	27 (18)
Rudi Völler, Werder Bremen	23 (18)
Klaus Allofs, 1. FC Köln	26 (7)
Stefan Kuntz, VfL Bochum	22 (6)
Uwe Rahn, Bor. M'gladbach	24 (12)
Jürgen Klinsmann, VFB Stuttgart	19 (13)
Roland Wohlfahrt, B. München	17 (13)
Jörn Andersen, E. Frankfurt	18 (4)
Roland Wohlfahrt, B. München	21 (17)
Fritz Walter, VFB Stuttgart	22 (13)
Anthony Yeboah, E. Frankfurt	20 (18)

Literatur: Amos Tverski und Daniel Kahnemann: »Judgement under uncertainty: heuristics and biases«, Science 185, 1974, 1124-1131; John A. Paulos: Zahlenblind, München 1990 (Heyne).

Junge oder Mädchen: eine falsche Strategie

Aller Emanzipation zum Trotz bevorzugen viele Familien in vielen Kulturen immer noch Jungen gegenüber Mädchen. Bei Umfragen in Entwicklungsländern hätten rund doppelt soviele Frauen als nächstes Kind lieber einen Jungen als ein Mädchen, und auch im aufgeklärten Deutschland deuten die Indizien auf eine Vorliebe für Jungen hin. So ist etwa hierzulande der Jungenanteil unter Kindern aus Ein-Kind-Familien weit größer als unter Kindern aus größeren Familien – nicht notwendigerweise, weil das erste Kind so oft ein Junge ist, sondern genau umgekehrt: weil Jungen oft Ein-Kind-Familien provozieren: Ist erst mal ein Junge da, ist die Familienplanung abgeschlossen ...

Die Gefahren dieser Präferenzen liegen auf der Hand: in dem Umfang etwa, wie durch selektive Abtreibung der Anteil der Jungengeburten steigt, droht die jahrtausendealte Balance der Geschlechter umzukippen. Und wie die Geburtenzahlen in Indien, Korea oder China zeigen, scheint genau das in manchen Teilen unseres Erdballs auch schon anzufangen.

*

Eine andere Art, den Jungenanteil auch ohne moderne Medizin und Diagnosetechnik zu erhöhen, sollen diverse antike Herrscher und Despoten darin gesehen haben, alle Ehepaare zum Zeugen mindestens eines Jungen anzuhalten. Anders als viele glauben, kann aber eine solche »natürliche« Produktion von Jungen die Verteilung der Geschlechter kaum berühren. In dem Umfang, wie auch heute noch die Männer dem archaischen Gedanken frönen, daß sie vorzugsweise in männlichem Nachwuchs weiterleben, und deshalb solange Kinder zeugen, bis sie einen Jungen haben, wird zwar die gesamte Zahl der Kinder steigen, der Anteil der Jungen an allen Geburten aber nicht.

Dazu betrachten wir einmal den Extremfall einer Orwell-Diktatur, wo jede Familie solange Kinder zeugen muß, bis ein Junge darunter ist, und dann aufhört. Dann können z.B. Ein-Kind-Familien logischerweise nur Jungen haben. Außerdem hat dann hat die Hälfte der Familien gerade ein Kind, nämlich einen Jungen (ich unterstelle hier der Einfachheit halber, daß Jungen und Mädchen gleich wahrscheinlich sind – in Wahrheit ist die Wahrscheinlichkeit für Jungen etwas größer). Von der anderen Hälfte hat wiederum die eine Hälfte zwei Kinder, ein Mädchen und einen Jungen, und die andere Hälfte mehr als zwei Kinder, darunter aber mindestens zwei Mädchen (denn nur, wenn die ersten beiden Kinder Mädchen sind, darf man mit dem Kinderkriegen weiterfahren). Dieses restliche Hälfte von der Hälfte mit den mindestens zwei Mädchen teilt sich wiederum in zwei Hälften, eine mit genau drei Kindern (Mädchen-Mädchen-Junge) und eine mit mehr als drei Kindern, davon die ersten drei nur Mädchen, und so weiter – je mehr Kinder eine Familie hat, desto mehr Mädchen hat sie auch, und gleicht damit die Ein-Kind-Familien mit nur Jungen aus. Zählt man dann alle Kinder zusammen, sind am Ende genausoviele Mädchen wie Jungen darunter, trotz aller Jungen-Vorzugspolitik – gegen Wahrscheinlichkeiten richtet selbst der Große Bruder wenig aus.

Literatur: A. Geissler: »Beiträge zur Frage des Geschlechtsverhältnisses der Geborenen«, Annalen des Sächsischen Statistischen Bureaus, 35, 1889; Yoram Ben Porath und Finis Welch: »Do sex preferences really matter?«, Quarterly Journal of Economics 90, 1976, 285-307; John Cleland u.a.: »Preferences for the sex of children and their influence on reproductive behaviour«, Comparative Studies Nr. 27 des World Fertility Survey, London 1983; Manuela Müller: »Determinanten der sekundären Sexualproportion und Verteilung der Geschlechter in Familien«, Diplomarbeit, Fachbereich Statistik, Universität Dortmund 1992; Christian Seidl: »The desire for a son is the father of many daughters: A sex ratio paradox«, Journal of Population Economics 8, 1995, 185-205.

Gewinne ohne Grenzen und das St. Petersburg-Paradox

Ein weiterer unerwarteter Erwartungswert begegnet uns bei dem berühmten St.-Petersburg-Paradox – so genannt, weil der Schweizer Mathematiker Daniel Bernoulli (1700-1782), dem als einem der ersten die Auflösung gelang, während eines Aufenthaltes in St. Petersburg darauf gestoßen ist:

Zwei Leute würfeln um die Wette – Peter und Paul, und zwar so lange, bis zum ersten Mal eine gerade Zahl erscheint. Pauls Gewinn hängt davon ab, wann das geschieht, wann zum ersten mal eine 2, 4 oder 6 erscheint. Kommt beim ersten Mal »gerade«, erhält Paul zwei Mark. Kommt erst beim zweiten Mal gerade, erhält Paul vier Mark. Kommt erst beim dritten Mal gerade, erhält Paul acht Mark etc. – je mehr Würfe bis zur ersten gerade Zahl verstreichen, desto höher Pauls Gewinn. Kommt also erst im zehnten Wurf eine gerade Zahl, erhält Paul $2^{10} = 1024$ Mark, kommt erst bei Wurf Nr. 16 eine gerade Zahl, erhält er $2^{16} = 65\,536$ Mark, und kommt erst bei Wurf Nr. 98 eine gerade Zahl, erhält er sogar

$$2^{98} = 316\,912\,650\,057\,057\,350\,374\,175\,801\,344 \text{ Mark,}$$

ein unvorstellbar riesiger Betrag. Je später die erste gerade Zahl erscheint, desto größer ist Pauls Gewinn, und diese Gewinne nehmen mit der Dauer des Spiels ganz dramatisch zu. Was soll Paul für dieses Spiel einsetzen?

»Natürlich den fairen Preis, also den Erwartungswert seines Gewinns«, sagt Peter. »Schließlich sind wir unter Freunden, keiner will den anderen betrügen. Und bei einer fairen Wette muß der Einsatz dem erwarteten Gewinn entsprechen.«

Was ist also Pauls erwarteter Gewinn, alias der Erwartungswert der Zufallsvariablen »Pauls Gewinn«?

Zur Erinnerung: Der Erwartungswert einer Zufallsvariablen ist der langfristige Durchschnitt ihrer Werte, die Zahl, auf die sich das arithmetische Mittel sehr vieler Werte unaufhaltsam, wie magnetisch angezogen hinbewegt. Er errechnet sich wie folgt (für die Sorte von Zufallsvariablen, die hier interessiert):

Erster Wert × W'keit des ersten Wertes
\+ zweiter Wert × W'keit des zweiten Wertes
\+ dritter Wert × W'keit des dritten Wertes
\+ etc. ...

Nach dieser allgemeinen Formel ist Pauls erwarteter Gewinn also die Summe der möglichen Gewinne, jeweils malgenommen mit den zugehörigen Wahrscheinlichkeiten: mit einer Wahrscheinlichkeit von $1/2$ kommt beim ersten Wurf gerade, und gewinnt Paul also zwei Mark; mit einer Wahrscheinlichkeit von $1/4$ kommt beim zweiten Wurf zum ersten Mal gerade, und gewinnt Paul vier Mark; mit einer Wahrscheinlichkeit von $1/8$ kommt beim dritten Wurf zum ersten Mal gerade, und gewinnt Paul acht Mark; und so weiter. Wir erhalten also:

$$\text{Erwarteter Gewinn für Paul} =$$
$$= 2 \times (1/2) + 4 \times (1/4) + 8 \times (1/8) + 16 \times (1/16) + \ldots.$$
$$= 1 + 1 + 1 + 1 + 1 + \ldots.$$

– eine unendlich große Summe. Mit anderen Worten, was auch immer Paul bei dieser Wette bietet, es ist stets zuwenig; sein erwarteter Gewinn sprengt alle Grenzen, die Menschen müßten Schlange stehen, um mit Peter dieses Spiel zu spielen.

Nur – sie tun es nicht. Fragt man jemand: »Würdest Du für dieses Spiel tausend Mark bezahlen?« sagt er oder sie vermutlich eher: »Ich glaube wohl, Du spinnst!«

Hier klafft also zwischen Theorie und Praxis eine Lücke. Auf der einen Seite übersteigen die Gewinne alle Grenzen, aber auf der anderen Seite ist kaum jemand willens, in dieses Spiel viel Geld zu investieren.

Abb. 6.1: Daniel Bernoulli: Er diskutierte als erster ausführlich das St. Petersburg-Paradox

*

Und in der Tat: Hier ist es ausnahmsweise einmal richtig, der Intuition und nicht den Regeln der Wahrscheinlichkeit zu folgen, aus zwei Gründen. Erstens wäre Peter niemals in der Lage, Pauls Gewinn zu zahlen, wenn tatsächlich einmal viele Würfe bis zur ersten geraden Zahl verstrichen, und da Paul das weiß, läßt er sich auf dieses Spiel erst gar nicht ein. Und zweitens ist eine Mark für einen reichen Menschen etwas anderes als für einen armen, und auch das hat subtile Konsequenzen für die Wette.

Beginnen wir mit dem ersten Grund, und nehmen einmal an, Peter sei der reichste Mann der Welt – zur Zeit der Sultan von

Brunei mit einem Vermögen von 50 Milliarden Mark. Dann hätte der reiche Peter schon bei fünfunddreißig ungeraden Zahlen in Folge sein ganzes Vermögen an Paul verloren, denn ab dem 36. Wurf beträgt Pauls Gewinn auf jeden Fall mehr als 50 Milliarden Mark (konkret: 2^{36} = 68 719 476 736). Das ist zwar nicht sehr wahrscheinlich, aber möglich, wie jeder weiß, der schon einmal »Rosenkranz und Güldenstern« von Tom Stoppard gesehen hat. »Fünfundachtzigmal hintereinander – ein neuer Rekord!« ruft Rosenkranz, nachdem Güldenstern fünfundachtzig Münzen auf dem Kopf gelandet hat.

Bei einem maximalen Gewinn von 50 Milliarden Mark, der bei sechsunddreißig oder mehr ungeraden Zahlen in Folge fällig wäre, ist Pauls erwarteter Gewinn aber nicht mehr unendlich, sondern nur noch rund sechsunddreißig Mark, und das ist doch ein großer Unterschied.

Nun spielen wir im wahren Leben aber nur selten gegen den Sultan von Brunei. Hat aber Peter, alias der Bankhalter, weniger als 50 Milliarden Mark, so ist er auch schon nach weniger als fünfunddreißig ungeraden Würfen nacheinander Pleite, bei einem Kapital von einer Million Mark etwa schon nach neunzehn Würfen. In diesem Fall beträgt der faire Preis für dieses Spiel nur noch rund zwanzig Mark, und dieser Preis wird immer kleiner, je geringer das Kapital der Bank.

*

Aber selbst wenn das Kapital der Bank unendlich wäre – wir hätten immer noch einen guten Grund, bei diesem Spiel nicht allzuviel zu setzen, und damit kommen wir zum zweiten Grund. Denn Mark ist nicht gleich Mark, wie jeder weiß; je mehr Geld man schon hat, desto eher kann man eine Mark Verlust verschmerzen (oder wie der Vorstandsvorsitzende einer bekannten deutschen Bank so trefflich formulierte: was den einen ruiniert, sind »peanuts« für den anderen), aber auch spiegelbildlich: je mehr Geld man hat, desto weniger erfreut uns eine Mark Gewinn. Oder wie die Ökonomen sagen: Der Grenznutzen einer

Mark nimmt für die meisten Menschen mit wachsendem Vermögen ab; je reicher wir schon sind, desto weniger freut uns ein weiterer konstanter Geldbetrag, und desto eher können wir auch auf diesen Geldbetrag verzichten.

Deshalb ist auch kaum jemand bereit, bei einer Wette mit den Auszahlungen Null und zweitausend Mark, jeweils mit einer Wahrscheinlichkeit von $1/2$, eintausend Mark zu setzen; die meisten Menschen setzen weniger. Denn der mögliche Verlust von tausend Mark wiegt schwerer als der mögliche Gewinn, ein Gewinn gleicht den Verlust nicht aus.

Wenn wir aber unterstellen, daß der Zusatznutzen unseres Vermögens mit wachsendem Vermögen sinkt (wobei der absolute Nutzen durchaus steigen kann und in aller Regel auch tatsächlich steigt), so haben wir eine weitere Erklärung für das St. Petersburg-Paradox, die nicht darauf angewiesen ist, daß die Bank nur ein endliches Kapital besitzt. Dann kann nämlich der erwartete Gewinn durchaus unendlich werden und der erwartete Nutzen dennoch recht bescheiden bleiben, und wir sind durchaus rational berechtigt, für dieses Spiel nicht mehr als zehn bis zwanzig Mark zu bieten.

Literatur: Daniel Bernoulli: »Specimen theoriae novae de mensura sortis«, Commentarii Academiae Scientiarum Imperialis Petropolitanae 5, 1738 (übersetzt von L. Sommer in Econometrica 22, 1954, 23-36); Paul Samuelson: »St. Petersburg Paradoxes: defanged, dissected and historically described«, Journal of Economic Literature 15, 1977, 24-55.

Der Tausch der Briefe, oder wie man Geld aus nichts erzeugt

Das nächste Paradox ist wohl das kniffligste des ganzen Buches überhaupt. Damit können Sie ganze Mathematikervereine tagelang beschäftigen, daran beißen sich auch Profis ihre Zähne aus.

Hier ist das Problem: auf einem Tisch liegen zwei Umschläge

mit Geld – der Moderator einer Spielshow hat sie vor uns hingelegt; in einem ist der doppelte Betrag wie in dem anderen, mehr ist nicht bekannt. Mit anderen Worten, ob fünfzig Mark und hundert Mark, ob tausend und zweitausend Mark, oder ob eine Million und zwei Millionen Mark, darüber wird nichts gesagt (wir wollen einmal annehmen, es gibt kein Bargeld, sondern Schecks, so daß die Dicke des Umschlags nichts verrät).

Jetzt bekommt jeder von uns zufällig einen dieser Briefe, Sie einen und ich einen. Wir könnten etwa würfeln, und die höhere Augenzahl bekommt den linken Brief, die kleinere den rechten. So erhält jeder seinen Brief, aber ehe wir die Briefe öffnen, fragt der Moderator: »Wollt Ihr tauschen?«

Und ich fange an zu überlegen: »In meinem Brief befindet sich ein bestimmter Betrag, sagen wir x Mark. Ich weiß zwar nicht, wie groß x ist, aber eines weiß ich sicher: in dem anderen Umschlag sind entweder doppelt soviel Mark oder halb soviel. Und da wir die Briefe zufällig ausgelost haben, hat jede dieser Varianten die Wahrscheinlichkeit $1/2$.«

Mit anderen Worten, der Tausch der Briefe ist eine Lotterie mit den beiden Preisen 2x und x/2, und mit einem erwarteten Gewinn von

$$2x \times (1/2) + (x/2) \times (1/2) = (5/4) \times x\,.$$

Das heißt, ich setze x ein, und erhalte im Mittel $(5/4) \times x$ zurück – ein hervorragendes Geschäft, besser als Lotto und Roulette, eine solche Quote gibt es in keiner Spielbank auf der Welt. Wenn wir einmal die Komplikationen mit dem abnehmenden Grenznutzen aus dem letzten Abschnitt ignorieren, ist die Sache klar: tauschen.

Also tausche ich. Und dann fragt der Moderator: »Willst Du wieder tauschen?« Und ich überlege (und der vorausdenkende Leser sieht schon jetzt, wo die Sache hinläuft): Mit Wahrscheinlichkeit $1/2$ ist in dem anderen Brief doppelt soviel Geld wie in meinem, mit Wahrscheinlichkeit $1/2$ nur halb soviel. Mit anderen Worten: wenn ich tausche, bekomme ich im Mittel mehr als ich habe (das gleiche Argument wie oben), also lohnt es sich zu tauschen. Und ich tausche und habe meinem ersten Brief zurückbekommen.

Hier ist offensichtlich etwas faul. Ich habe zweimal meine Position verbessert, und bin genau da, wo ich angefangen habe. Und dann fragt der Moderator ....

Sie sehen, dieses Spiel kann man beliebig weitertreiben. Es lohnt immer, seinen Brief zu tauschen, ein ewiges Karussell. Man fängt als armer Schlucker an und endet reich wie Rockefeller. Denn bei jedem Tausch wird man im Durchschnitt reicher ...

*

Dieses seltsame Ergebnis hängt nicht davon ab, daß ich den Inhalt meines ersten Briefs nicht kenne. Angenommen, ich öffne ihn und finde tausend Mark. Damit weiß ich: In Ihrem Brief sind entweder fünfhundert oder zweitausend Mark. Wenn ich also tausche, beträgt mein erwarteter Gewinn

$$500 \times (1/2) + 2000 \times (1/2) = 1250 ,$$

also lohnt es sich zu tauschen.

Und spiegelbildlich auch für Sie: Haben Sie fünfhundert Mark, ist der erwartete Erlös beim Tauschen

$$250 \times (1/2) + 1000 \times (1/2) = 625 .$$

Haben Sie zweitausend Mark, ist der erwartete Erlös beim Tauschen

$$1000 \times (1/2) + 4000 \times (1/2) = 2500 ,$$

– ein Tausch ist immer lukrativ. Mit anderen Worten, beide Partner werden durch einen Tausch im Durchschnitt reicher, und das ist offenbar unmöglich. Denn die Summe beider Briefe bleibt natürlich immer gleich.

*

Dieses Paradox ist kniffliger als die anderen in diesem Buch; es versteckt geschickt die Widersprüche seiner Argumente. Denn Widersprüche muß es geben – aus wahren Annahmen und logisch korrekten Schlüssen können keine unmöglichen Konsequenzen folgen. Die Frage ist nur, wo.

Um es gleich zu sagen: Die Logik stimmt, aber die Annahmen sind falsch. Denn die zentrale Basis des obigen Argumentes ist, daß unabhängig vom Inhalt unseres eigenen Umschlages der andere mit einer Wahrscheinlichkeit von $1/2$ das Doppelte und mit einer Wahrscheinlichkeit von $1/2$ die Hälfte unseres eigenen Umschlages enthält, und diese Annahme ist logisch nicht zu halten; sie widerspricht einem zentralen Satz der modernen Wahrscheinlichkeitstheorie, nämlich daß auf der Menge aller rationalen wie auch auf der Menge aller natürlichen Zahlen keine Gleichverteilung möglich ist. Oder in normalem Deutsch: Es ist unmöglich, eine zufällige Auszahlung mit unendlich vielen Möglichkeiten so zu konstruieren, daß alle denkbaren Beträge gleich wahrscheinlich sind.

Wir müssen uns das Spiel als einen zweistufigen Zufallsprozeß vorstellen: In der ersten Stufe wählt der Moderator einen Geldbetrag, sagen wir G. Diesen steckt er in den ersten Umschlag, und das Doppelte von G, also 2G, in den zweiten. In der zweiten Stufe werden diese Umschläge dann zufällig auf die beiden Spieler aufgeteilt. Angenommen nun, die Geldbeträge G sind immer rationale Zahlen (also die sogenannten »natürlichen Zahlen« 1, 2, 3, 4, ..., plus die Brüche, die sich daraus bilden lassen). Wären alle diese Geldbeträge gleich wahrscheinlich, etwa p%, so wäre die Wahrscheinlichkeit für einen Betrag kleiner oder gleich 10 dann größer als $10 \times p\%$, die Wahrscheinlichkeit für einen Betrag kleiner oder gleich 100 wäre größer als $100 \times p\%$ usw., und wir sehen sofort, daß wir auf diese Weise irgendwann, und ganz gleich wie klein die Wahrscheinlichkeit p auch immer sei, auf eine Wahrscheinlichkeit von mehr als 100% kommen, was aber offenbar unmöglich ist. Also können unmöglich alle rationalen Zahlen mit der gleichen Wahrscheinlichkeit als Wert für G in Frage kommen.

Das ist intuitiv auch sofort einzusehen: G wird niemals größer als das Sozialprodukt der Bundesrepublik, oder als das Gesamtbudget der Fernsehanstalt, die die Spielshow veranstaltet – es gibt irgendeine Obergrenze, die wir niemals überschreiten.

Sobald wir aber zugeben, daß nicht alle Werte für G gleich wahrscheinlich sind, wird es logisch unmöglich, daß die bedingten Wahrscheinlichkeiten für 2x und x/2, gegeben x, für alle denkbaren x den Wert ½ annehmen; das Argument: »Egal welche Summe x mein Brief enthält, die Werte 2x und x/2 für den anderen Brief sind beide gleich wahrscheinlich« ist mathematisch nicht zu halten.

Wenn ich meinen Brief öffne und sehe x Mark, weiß ich: entweder ist G=x, oder G=x/2. Ist G=x, gewinne ich durch Tauschen, ist G=x/2, verliere ich durch Tauschen. Der erwartete alias durchschnittliche Erlös bei Tausch ist

$$2x \times [W(G=x|G=x \text{ oder } G=x/2)] + x/2 \times W[G=x/2|G=x \text{ oder } G=x/2)],$$

und das kann sowohl größer als auch kleiner sein als x, je nach der Verteilung der Zufallsvariablen G.

In der Praxis wird die Verteilung von G so aussehen, daß hohe Werte immer unwahrscheinlicher werden, woraus folgt, daß die zweite Wahrscheinlichkeit in der obigen Formel irgendwann einmal größer wird als die erste; sobald sie größer ist als das Doppelte der ersten, lohnt es sich, den Umschlag zu behalten. Auch wenn wir nicht wissen, ab welcher Grenze diese Wahrscheinlichkeiten umschlagen: wir wissen, diese Grenze existiert, ab irgendeiner Summe wäre es töricht, sich auf einen Wechsel einzulassen.

Auch das ist wieder intuitiv durchaus plausibel: eine doppelt so hohe Summe im Brief des anderen wird immer unwahrscheinlicher, je mehr Geld ich selbst bereits in meinem Brief entdecke. Habe ich selbst zehn Mark, ist die Wahrscheinlichkeit für zwanzig Mark im anderen Brief eher größer als die Wahrscheinlichkeit für zwanzig Millionen Mark, wenn ich selbst schon zehn Millionen besitze. Sind aber die Werte 2x und x/2 für den Inhalt des anderen Briefes nicht mehr gleich wahrscheinlich, zerfließt das ganze Paradox in Luft.

Literatur: Gabor J. Szekely: Paradoxa. Klassische und neue Überraschungen aus Wahrscheinlichkeitstheorie und mathematischer Statistik, Frankfurt 1990 (Deutsch); Ed Barbeau: »Flaws, fallacies and flimflam«, The College Mathematics Journal 22, 1991, 308-310; Ronald Christensen und Jessica Utts: »Bayesian resolution of the exchange paradox«, The American Statistician 46, 1992, 274-276.

7. Kapitel

Die Basis-Falle und andere Trugschlüsse aus bedingten Wahrscheinlichkeiten

»Verheiratet und unverheiratet ist nicht miteinander zu vergleichen, da viele grundlegende Komponenten nicht für beide Parteien zutreffen.«

Aus einer Statistik-Klausur

Sicherheitsgurte sind gefährlich

In der *ADAC-Motorwelt* war einmal die folgende Schlagzeile zu lesen: »Der Tod fährt mit! Vier von zehn tödlich verunglückten Autofahrern trugen keinen Sicherheitsgurt!«

Was sagt uns diese Nachricht? Oder: Was will uns diese Nachricht sagen?

Gemeint war offensichtlich folgendes: »Leute, schnallt Euch an! Sonst ist Eure Überlebenschance bei einen Unfall weit geringer!«

Das Dumme ist nur: Um dieses Argument zu stützen, sind diese Zahlen völlig ungeeignet; genauso könnte man daraus auch schließen, daß Gurte höchst gefährlich sind. Denn hatten sich nicht sechs von zehn tödlich verunglückten Autofahrern vorher angeschnallt ...

Zehn Autofahrer sterben, sechs mit Gurt und vier ohne. Wenn wir weiter nichts von dem Verkehrsgeschehen wissen, bleibt nur diese Überlegung übrig: Zehn Autofahrer sterben, die meisten davon angeschnallt, also Hände weg von diesen Teufelsdingen ...

Dieser Schluß ist falsch, wie wir alle wissen, denn worauf es hier ganz offensichtlich ankommt, ist: Wieviele Unfallbeteiligte tragen einen Sicherheitsgurt, und wieviele tragen keinen? Für beide Gruppen würde man dann gern den Anteil derer wissen, die den Unfall überleben, wobei vermutlich herauskommt, daß dieser Anteil für die Angeschnallten weitaus größer ist. Aber dazu sagt die ADAC-Statistik überhaupt nichts aus ...

Wir sind hier Zeugen einer globalen Konfusion, nämlich der Neigung vieler Menschen inklusive vieler Journalisten, bei bedingten Wahrscheinlichkeiten die Bedingung und das bedingte Ereignis zu verwechseln. Zur Erinnerung: Die bedingte Wahrscheinlichkeit eines Ereignisses A, gegeben ein Ereignis B ist eingetreten, ist nichts anderes als die »normale« Wahrscheinlichkeit für A, wenn wir die Menge aller zulässigen Möglichkeiten auf B beschränken. Wenn wir beim Würfeln wissen, daß eine gerade Zahl gefallen ist, so ändert das die Wahrscheinlichkeit für »Zahl größer drei«. Vorher war diese Wahrscheinlichkeit $1/2$ – es gibt sechs Möglichkeiten, alle gleich wahrscheinlich, davon drei größer als drei. Wenn wir aber wissen, daß eine gerade Zahl gefallen ist, so bleiben nur noch drei Möglichkeiten, nämlich 2, 4 und 6. Von diesen drei Möglichkeiten sind zwei größer als drei, also ist die bedingte Wahrscheinlichkeit von »gerade«, gegeben eine Zahl größer als drei ist gefallen, jetzt $2/3$.

Im Prinzip ist also das Rechnen mit bedingten Wahrscheinlichkeiten nicht besonders schwer. Wer »normale« Wahrscheinlichkeiten berechnen kann, kann auch bedingte Wahrscheinlichkeiten berechnen. Das Problem ist nicht das Berechnen, sondern das Interpretieren. Beim Pro und Contra Sicherheitsgurte etwa ist die in der *ADAC-Motorwelt* genannte bedingte Wahrscheinlichkeit von vierzig Prozent, keinen Gurt zu tragen, gegeben ein tödlicher Unfall ist geschehen, völlig irrelevant. Sie mag korrekt sein oder nicht – das interessiert hier nicht. Interessant ist doch nur die bedingte Wahrscheinlichkeit zu sterben, gegeben wir sind angeschnallt, also das Ganze quasi umgedreht. Und die würden wir dann gern vergleichen mit der bedingten Wahrscheinlichkeit zu sterben, gegeben wir sind *nicht* angeschnallt (mit dem voraussichtlichen Ergebnis, daß letztere beträchtlich größer ist). Aber zu diesen Wahrscheinlichkeiten sagt die eingangs zitierte Schlagzeile überhaupt nichts aus.

Viele Menschen scheinen hier zu glauben: »Eine große bedingte Wahrscheinlichkeit von A, gegeben B, ist gleichbedeutend mit einer großen bedingten Wahrscheinlichkeit von B, gegeben A«, und das ist falsch. So habe ich einmal gelesen, daß Autofahrer in der Nähe ihrer Wohnung besonders unvorsichtig fahren würden, denn mehr als die Hälfte aller Verkehrsunfälle geschähen in einem Radius von dreißig Kilometern um den Wohnort eines der Beteiligten. Mit anderen Worten, die bedingte Wahrscheinlichkeit von »Heimatnähe«, gegeben »Unfall«, ist sehr groß, und daraus wird dann geschlossen, daß auch die bedingte Wahrscheinlichkeit von »Unfall«, gegeben »Heimatnähe«, groß sein muß. Das kann zwar zutreffen, muß aber nicht, denn mit der gleichen Logik könnten wir auch »beweisen«, daß Autofahren tagsüber gefährlicher ist als nachts (die meisten Unfälle geschehen tags), daß man umso sicherer fährt, je schneller man rast (je höher die Geschwindigkeit, desto weniger Unfälle; meines Wissens wurde auf deutschen Straßen noch nie ein Unfall bei Tempo 400 registriert), daß man durch den Genuß von Milch zum Kriminellen wird (alle Verbrecher haben irgendwann in ihrem Leben Milch getrunken), daß Krankenhäuser der Gesundheit schaden (mehr als die Hälfte aller Bundesbürger sterben dort) oder daß man in New York besser im Central Park als in der Wohnung schläft (die meisten ermordeten New Yorker werden in ihren eigenen vier Wänden umgebracht).

Hier drei weitere Beispiele aus der deutschen und internationalen Presse:

»Fußballer sind ... die reinsten Bruchpiloten« (aus dem *Stern*). Denn »sie verursachen fast die Hälfte der jährlich rund eine Million Sportunfälle«.

»Frauen, hütet Euch vor Euren Ehemännern!« Denn »die Hälfte aller ermordeten Frauen werden von ihrem eigenen Mann oder Liebhaber umgebracht« (aus der Londoner *Times*).

»Schäferhunde sind gefährlich!« (aus meiner lokalen Tageszeitung). »Jeder dritte Biß geht auf das Konto dieser Rasse.«

Aber woher will die Presse das denn alles wissen? Vielleicht werden vor allem deshalb so häufig Fußballer verletzt, Ehefrauen von Ehemännern umgebracht und Schäferhunde des Beißens angeklagt, weil es so viele Fußballer, Ehemänner und Schäferhunde gibt? Ohne weitere Beweise sind diese Schuldzuweisungen genauso haltlos wie die These, Autofahrer würden in der Nähe ihrer Wohnung besonders unvorsichtig fahren (wo sonst sollen Autofahrer fahren?), oder wie die Theorie aus einer soziologischen Studie über Kriminalität und Freizeit, die mir einmal in die Hände fiel und in der bewiesen wurde, daß zuviel Freizeit Kriminalität erzeugt (denn fast alle Vergewaltigungen, Einbrüche und Diebstähle finden außerhalb der regulären Arbeitszeit der Täter statt).

In Wahrheit ist die bedingte Wahrscheinlichkeit, sich zu verletzen, gegeben man spielt Fußball, vermutlich kleiner als die bedingte Verletzungswahrscheinlichkeit in vielen anderen Sportarten wie Boxen, Skifahren und Drachenfliegen – nur spielen einfach viel mehr Menschen Fußball. Aus demselben Grund sind die bedingten Wahrscheinlichkeiten, gebissen oder ermordet zu werden, bei einem Schäferhund oder bei dem eigenen Ehepartner vermutlich kleiner als bei einem Rottweiler oder bei einem Drogenhändler. Wenn dann trotzdem so viele Menschen von Schäferhunden gebissen oder von ihren eigenen Ehepartnern ermordet werden, so einfach deshalb, weil es so viele Schäferhunder bzw. Ehepartner gibt.

Um eine Kausalbeziehung empirisch abzustützen, sollte das bedingende Ereignis die Ursache und das bedingte Ereignis die Wirkung sein: Ich spiele Fußball, Tennis, Hockey (das bedingende Ereignis), ich verletze mich (das bedingte Ereignis). Oder ich begegne einem Dackel, Pudel, Schäferhund (das bedingende Ereignis), ich werde gebissen (das bedingte Ereignis). Oder ich treffe meinen Ehepartner, einen Rauschgifthändler, einen Terroristen (das bedingende Ereignis), ich werde ermordet (das bedingte Ereignis). Indem wir in jedem Fall die bedingten Wahrscheinlichkeiten für verschiedene Bedingungen vergleichen, können wir dann die verschiedenen Sportarten, Hunderassen oder Mitmenschen nach Gefährlichkeit sortieren. Die umgekehrten bedingten Wahrscheinlichkeiten sagen dazu überhaupt nichts aus.

Wenn wir also lesen: »Jungen auf dem Rad am meisten gefährdet«, weil angeblich neunzig Prozent aller mit dem Fahrrad verunglückten Kinder Jungen sind, so muß das zunächst noch überhaupt nichts heißen. Vielleicht fahren Jungen wirklich riskanter Rad als Mädchen. Vielleicht aber auch nicht. Zur Klärung dieser Frage trägt die obige Statistik überhaupt nichts bei. Wenn z.B. mehr als neunzig Prozent aller radfahrenden Kinder Jungen sind, fahren Jungen nicht schlechter Rad als Mädchen, sondern besser.

Deswegen glaube ich bis auf weiteres auch nicht, daß Haie lieber Männer fressen, wie ich einmal in einem Reisemagazin gelesen habe. Gegründet war diese Aussage auf einer Statistik, wonach neun von zehn Haiopfern Männer sind. Das mag so stimmen oder auch nicht – auf den Appetit der Haie läßt das keine Schlüsse zu. Denn die bedingte Wahrscheinlichkeit, gegeben ein Mensch wird von einem Hai gebissen, daß das Opfer männlich ist, hilft uns bei dieser Frage überhaupt nicht weiter. Was wir brauchen, ist die bedingte Wahrscheinlichkeit, von einem Hai gebissen zu werden, gegeben der Schwimmer ist eine Frau, verglichen mit der bedingten Wahrscheinlichkeit, gebissen zu werden, gegeben der Schwimmer ist ein Mann. Und ich vermute einmal, diese Wahrscheinlichkeiten sind in etwa gleich, so daß der hohe Prozentsatz der von Haien gebissenen Männer nur dadurch zustande kommt, daß eben mehr Männer als Frauen so dumm sind, den Haien vor dem Maul herumzuschwimmen.

*

Seltener, weil leichter zu erkennen, ist der Fehler, bedingte und unbedingte Wahrscheinlichkeiten zu verwechseln. So findet man z.B. immer wieder in den Medien die Behauptung, junge Menschen wären besonders selbstmordgefährdet. Und auf den ersten Blick scheint das auch zuzutreffen: Nicht erst seit Goethes Werther treibt eine enttäuschte erste Liebe viele junge Menschen in den Tod, und daraus wird dann oft geschlossen, daß junge Menschen mehr als ältere zum Selbstmord neigen.

Typisch für diese Logik ist eine Zeitungsmeldung, die unter dem Titel »Im Alter wirst Du glücklicher« folgendermaßen argumentiert: Der Anteil der Selbstmorde an allen Todesfällen ist bei Jugendlichen am größten, rund fünfundzwanzig Prozent bei unter 20-jährigen, verglichen mit zehn Prozent bei 30- bis 40-jährigen und weniger als zwei Prozent bei über 70-jährigen. »Es verringert sich also der Entschluß zum Selbstmord immer mehr, je weiter das Alter fortschreitet«, schreibt die Zeitung, wir werden mit wachsendem Alter immer glücklicher.

In Wahrheit ist jedoch genau das Gegenteil der Fall. Die Selbstmorde pro Jahr und Altersklasse steigen strikt mit unserem Alter an, von weniger als fünf pro hunderttausend in der Gruppe der unter 20-jährigen bis auf fast fünfzig pro hunderttausend bei den über 70-jährigen. Je älter wir werden, desto eher scheiden wir aus freien Stücken aus dem Leben, und zwar zu allen Zeiten und in allen Ländern. Daß dennoch die Selbstmorde gerade bei Jugendlichen eine solch prominente Rolle spielen, liegt allein daran, daß Jugendliche eben generell nur selten sterben. Sie haben selten Krebs und Kreislaufleiden, sie haben keine Altersschwäche und kein Alzheimer, und auch Schlaganfälle oder Leberschäden kommen unter Jugendlichen nicht sehr häufig vor. Mit anderen Worten, in diesem Alter sind Unfall, Mord und Selbstmord fast die einzigen Todesursachen, die noch übrigbleiben, so daß der hohe Anteil an Selbstmördern unter den Verstorbenen bei näherem Hinsehen überhaupt nicht überrascht. Ganz offensichtlich wurde hier die für Jugendliche in der Tat sehr große bedingte Wahrscheinlichkeit, durch Selbstmord umzukommen, gegeben man stirbt überhaupt, mit der »normalen« Wahrscheinlichkeit für Selbstmord verwechselt.

Literatur: Helmut Swoboda: Knaurs Buch der modernen Statistik, München 1971 (Droemer-Knaur); Walter Krämer: So lügt man mit Statistik, Frankfurt 1995 (Campus).

Frauen haben es an Universitäten schwerer

Beim jährlichen Vereinsfest gibt es eine Lotterie. Adrian und Beate, der Schatzmeister und seine Vertreterin, verkaufen Lose, und zwar aus zwei schwarzen und zwei weißen Hüten; jeder hat einen schwarzen und einen weißen Hut, und die Käufer ziehen die Lose zufällig daraus hervor, so wie man das vom Jahrmarkt kennt.

Um den Vereinsfrieden nicht zu gefährden, kaufe ich sowohl bei Beate wie bei Adrian ein Los. Allerdings habe ich den beiden bei der Verteilung der Nieten und Gewinne auf die vier Hüte zugesehen und weiß, wie sich die Nieten und Gewinne auf die vier Hüte verteilen. »Hier hast Du zwei Mark«, sage ich deshalb zu meiner Tochter, »geh und kaufe zwei Lose, von jedem Verkäufer eins, aber ziehe das Los bitte immer aus dem weißen Hut.«

Denn ich habe gesehen, daß sowohl Adrian wie Beate relativ mehr Gewinne im weißen Hut haben als im schwarzen.

»Geht nicht, Papa«, sagt die Tochter. »Die beiden haben die Lose zusammengeschüttet, die beiden weißen Hüte zusammen und die beiden schwarzen Hüte zusammen.«

»Auch gut«, sage ich. »Kauf trotzdem zwei Lose, aber diesmal bitte beide aus dem schwarzen Hut.«

Und meine Tochter sieht mich an und denkt: »Der Alte spinnt.«

Aber der Alte spinnt überhaupt nicht. Auch wenn beide Losverkäufer im weißen Hut einen höheren Anteil an Gewinnen haben als im schwarzen – das muß für die beiden weißen Hüte *zusammen* überhaupt nicht gelten.

Angenommen etwa, Adrian hat in seinem weißen Hut nur ein einziges Los, und zwar einen Gewinn, und im schwarzen Hut drei Lose, eine Niete und zwei Gewinne. Dann ziehe ich mein Los natürlich aus dem weißen Hut, denn dann gewinne ich mit Sicherheit. Beim schwarzen Hut dagegen gewinne ich nur mit einer Wahrscheinlichkeit von $2/3$.

Dito Beate. Sie hat in ihrem weißen Hut zehn Lose, davon vier

Gewinne, und in ihrem schwarzem Hut drei Lose, davon ein Gewinn. Damit lohnt es sich auch bei Beate, in den weißen Hut zu greifen, denn auch bei ihr ist der Anteil der Gewinne im weißen Hut größer als im schwarzen.

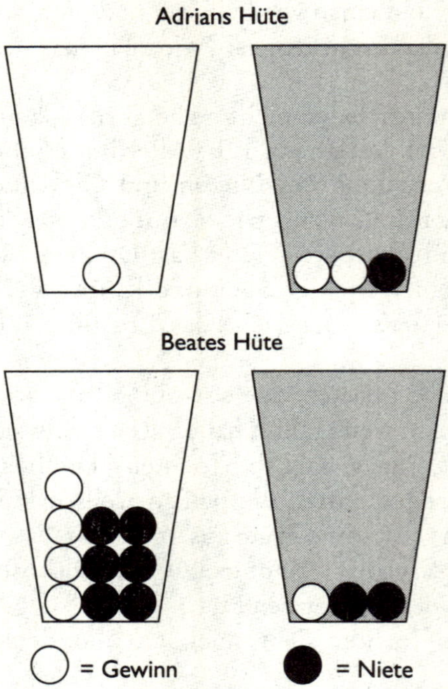

Abb. 7.1: Adrians und Beates Hüte: Bei beiden ist die Gewinnwahrscheinlichkeit für den weißen Hut größer als für den schwarzen

Jetzt schütten die beiden den Inhalt der schwarzen und der weißen Hüte jeweils zusammen. Das ergibt fünf Gewinne und sechs Nieten für den weißen Haufen und drei Gewinne und drei Nieten für den schwarzen Haufen – es lohnt sich damit klar, von Weiß auf Schwarz zu wechseln. Denn beim weißen Haufen gewinne ich mit einer Wahrscheinlichkeit von $^5/_{11}$, und beim schwarzen Haufen gewinne ich mit einer Wahrscheinlich-

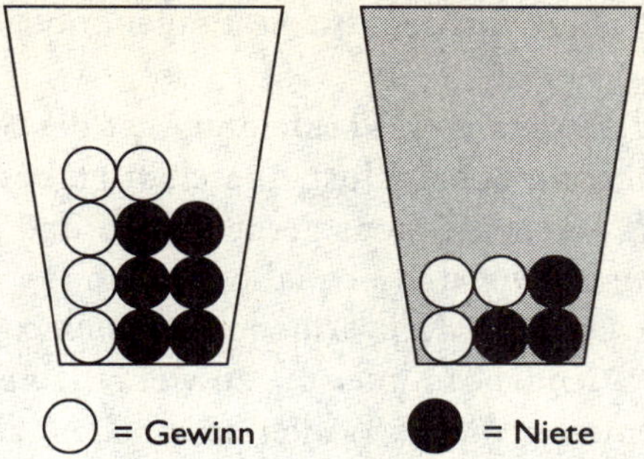

Abb. 7.2: Die beiden weißen und die beiden schwarzen Hüte jeweils vereint: Jetzt ist die Gewinnwahrscheinlichkeit für den schwarzen Hut größer als für den weißen.

keit von $^1/_2$. So paradox das also auf den ersten Blick auch scheint – es lohnt, die ursprünglichen Präferenzen umzukehren.

*

Dieses Phänomen, daß das Zusammenlegen von Teilmengen die Präferenzen umkehren kann, wurde erstmals von dem englischen Statistiker E. H. Simpson gründlich untersucht; es heißt deshalb auch Simpsons Paradox. Es tritt in fast allen Bereichen unseres Lebens auf: Zwei Fußballspieler diskutieren, wer einen Elfmeter schießen soll; der eine hat sowohl auswärts wie zuhause eine höhere Trefferquote als der andere. Aber trotzdem schießt der andere insgesamt gesehen besser. Oder ein neues Medikament wirkt sowohl bei Männern wie bei Frauen besser als ein altes; aber insgesamt gesehen wirkt es schlechter. Oder eine Zeitschrift kann sowohl in Städten wie in ländlichen Gebieten ihre Abonnentenquote steigern; aber trotzdem wird die Abonnentenquote insgesamt gesehen kleiner. Oder die Steuersätze sinken quer durch alle Steuerklassen; aber der Anteil des Gesamteinkommens aller Steuerzahler, der dem Fiskus zufließt, geht trotzdem in die Höhe. Oder eine Firma bevorzugt für alle Stellen Frauen gegenüber Männern; aber trotzdem ist die Frauenquote insgesamt gesehen kleiner.

Vor allem in der letzteren Verkleidung hat das Simpson-Paradox auch schon mehrfach die Justiz beschäftigt, besonders in den USA, wo die Menschen erstens gerne klagen und zweitens sehr auf Minderheitenschutz und »equal opportunity« bestehen. Die Universität Berkeley in Kalifornien hatte sich z.B. gegen den Vorwurf der Frauendiskriminierung zu wehren, weil sie in einem bestimmten Semester nur 35% aller weiblichen, aber 44% aller männlichen Bewerber zugelassen hatte – eine glatte Diskriminierung, zumindest auf den ersten Blick.

Auf den zweiten Blick entpuppt sich diese Diskriminierung aber als ein Simpson-Paradox. Denn die Universität hatte in dem fraglichen Semester eher *mehr* Frauen als Männer zugelassen: In allen Studiengängen separat betrachtet war der Anteil der zugelassenen Frauen nicht niedriger als bei Männern, sondern höher. Wenn also überhaupt eine Diskriminierung stattfand, dann der *Männer*! Sie hatten in fast allen Fächern die schlechteren Karten, wurden öfter abgelehnt und seltener zum Studium zugelassen als die Frauen. Daß trotzdem insgesamt gesehen der Anteil der erfolgreichen Bewerber bei den Frauen kleiner war, lag allein daran, daß Frauen bevorzugt in Fächer mit einer hohen Ablehnungsquote drängten, und vor allem deshalb, und nicht weil Berkeley frauenfeindlich war, blieben so viele in den Maschen des Auswahlverfahrens hängen.

Um bei diesen Maschen zu bleiben: In gewisser Weise entsprechen die hoffnungsvollen Studienplatzbewerber durchaus einem Schwarm gleich großer (alias gleich intelligenter) Fische, die einem Netz entgegenschwimmen. Das Netz hat zwei Arten von Maschen, enge und weite, und alle Weibchen wollen durch die engen Maschen. Wenn dann auf der anderen Seite des Netzes nur noch Männchen übrigbleiben, ist das Netz dann frauenfeindlich?

Literatur: E. H. Simpson: »The interpretation of interaction in contingency tables«, Journal of the Royal Statistical Society B, 13, 1951, 238-241; Helmut Swoboda: Knaurs Buch der modernen Statistik, München 1971; P. J. Bickel,

E.A. Hammond und J.W. O'Connell: »Sex bias in graduate admissions: data from Berkeley«, Science 187, 1975, 398-404; Clifford H. Wagner: »Simpson's paradox in real life«, The American Statistician 36, 1982, 46-47; Howard Wainer: »Minority contributions to the SAT score turnaround: an example of Simpson's paradox«, Journal of Educational Statistics 11, 1986, 239-244; Thomas R. Knapp: »Instances of Simpson's paradox«, College Mathematics Journal 16, 1985, 209-211; Paul Meier und Lawrence DiNardo: »Simpson's paradox in unemployment litigation«, Proceedings of the Social Statistics Section, American Statistical Association 1990, 66-69; Erhard Künzel: »Über Simpson's Paradoxon«, Stochastik in der Schule 1/1991, 54-62.

Die Krebs-Gefahr nimmt zu

Bis hierher haben wir im wesentlichen bedingte Wahrscheinlichkeiten ausgerechnet und verglichen, das Simpson-Paradox also recht losgelöst von Ursache und Wirkung betrachtet. Aber damit ist man in der Praxis sehr oft nicht zufrieden. Neben Aussagen wie: »Die bedingte Wahrscheinlichkeit von A, gegeben B, ist größer als die bedingte Wahrscheinlichkeit von A, gegeben das Gegenteil von B«, hätten wir gerne auch Aussagen wie: »B ist die Ursache für A«, also Informationen über Kausalbeziehungen, und erst hier entfaltet das Simpson-Paradox sein volles Chaos-Potential. Solange wir nur von Wahrscheinlichkeiten reden und uns um Ursache und Wirkung wenig kümmern, bleibt die Diskussion im wesentlichen akademisch; sobald wir Wahrscheinlichkeiten als Indiz für Kausalitäten nehmen, wird die Diskussion politisch.

Nehmen wir die Krebsgefahr. Die Wahrscheinlichkeit, an Krebs zu sterben, hat unbestreitbar in den letzten Jahren und Jahrzehnten zugenommen, so daß wir in bestimmten Blättern fast jede Woche neue Horrormeldungen über unsere Krebsgefährdung lesen. »Denn Krebs, darüber gibt es kaum noch Zweifel«, schreibt die Hamburger *Zeit*, »das ist auch unsere Ernährung, die reichlich Fett und zuviele Schadstoffe aufweist, das ist die Luft, die wir atmen, das Wasser, das wir trinken, das sind die Chemikalien, mit denen wir hantieren, die Pillen, die wir schlucken. Krebs ist um uns und in uns. Krebs ist unser Tribut an die Industrialisierung, eine Folge des ungezügelten Wirtschaftswachstums, das auf die Qualität der Umwelt keine Rücksicht nahm.«

Das klingt alles durchaus zeitgemäß, ist aber in dieser Allgemeinheit sicher falsch. Denn aller Entschlossenheit so mancher Zeitgenossen zum Trotz, die erhöhte Krebsgefahr dem wirtschaftlichen Fortschritt anzulasten – so einfach ist die Sache nicht. Die folgende Tabelle zeigt getrennt für verschiedene Altersklassen, einmal für 1960 und einmal für 1990, wieviele von je hunderttausend Männern einer Altersgruppe in Deutschland (alte Bundesländer) an Krebs gestorben sind. Und wie wir sehen, hat quer durch alle Altersklassen die Gefahr, an Krebs zu sterben, *abgenommen*!

So viele von hunderttausend Männern einer Altersgruppe sind an Krebs gestorben:

	1970	1995
1–4	8	4
5–9	7	3
10–14	5	2
15–19	8	4
20–24	10	6
25–29	15	8
30–34	20	11
35–39	30	24
40–44	80	59
45–49	111	118
50–54	211	230
55–59	381	376
60–64	670	609
65–69	1087	948
70–74	1549	1346
75–79	1968	1856
80–84	2295	2502
85–90	2458	3289

Die nächste Tabelle zeigt die gleichen Zahlen für die Frauen. Auch hier hat quer durch alle Altersklassen die Gefahr, an Krebs zu sterben, abgenommen. Aber trotzdem ist insgesamt gesehen die Wahrscheinlichkeit, an Krebs zu sterben, in den letzten dreißig Jahren und erst recht seit Anfang des Jahrhunderts angestiegen. Aber nicht, weil uns diese Krankheit heute wirklich mehr bedroht als früher, sondern weil manche Journalisten das Simpson-Paradox nicht kennen oder nicht erkennen wollen: Nämlich daß die unbestreitbare Zunahme der Gesamtwahrscheinlichkeit, an Krebs zu sterben, nicht durch die Krankheit selbst entsteht, sondern dadurch, daß wir immer älter werden. In der vom Krebs besonders stark bedrohten Klasse der über 85-jährigen z.B. lebten 1960 in Deutschland (alte Bundesländer) nur 220000 Menschen, 1990 dagegen 940000, fast fünfmal soviel, und vor allem deshalb, und nicht weil wir uns durch Atomkraftwerke oder Chemikalien selbst vergiften, sterben heute so viel mehr Menschen als damals an Krebs.

So viele von hunderttausend Frauen einer Altersgruppe sind an Krebs gestorben:

	1970	1995
1–4	7	3
5–9	6	3
10–14	4	2
15–19	6	4
20–24	8	4
25–29	12	7
30–34	21	15
35–39	45	32
40–44	84	66
45–49	144	110
50–54	219	182
55–59	305	244
60–64	415	369
65–69	601	505
70–74	850	719
75–79	1183	967
80–84	1644	1373
85–90	1758	1801

Wegen dieser Umkehrung von bedingten Wahrscheinlichkeiten heißt das Phänomen auch oft »Reversal-Paradox«: Wir verteilen alle möglichen Ergebnisse eines Zufallsvorgangs auf bestimmte Teilmengen (Beispiel: Wir verteilen alle Verstorbenen eines Jahres auf bestimmte Altersklassen). Dann betrachten wir den gleichen Zufallsvorgang noch ein zweites Mal, an einem anderen Ort, zu einer anderen Zeit oder für einen anderen Personenkreis, und stellen fest: Die Wahrscheinlichkeit, daß ein bestimmtes Ereignis geschieht, gegeben eine feste Teilmenge, ist für alle Teilmengen gesunken (Beispiel: Die Wahrscheinlichkeit, an Krebs zu sterben, hat für alle Altersklassen abgenommen). Aber trotzdem ist die Gesamtwahrscheinlichkeit gestiegen!

Diese Umkehrung der Wahrscheinlichkeiten muß nicht geschehen, aber sie kann geschehen, wie wir hier gesehen haben. Dafür sind ganz bestimmte Konstellationen der beteiligten Wahrscheinlichkeiten nötig, mit denen sich die mathematischen Statistiker befassen und die uns hier nicht im Detail zu interessieren brauchen. Worauf es für unsere Zwecke ankommt, ist allein, daß wir uns hüten müssen, aus Wahrscheinlichkeiten übereilte Schlüsse abzuleiten.

*

Auch in anderen, ideologisch weniger belasteten Debatten führt das Simpson-Paradox oft auf falsche Fährten. »Methusalems machen Kasse«, schreibt etwa das *Handelsblatt* zum Thema »Studiendauer und Gehalt von Akademikern«. Und auf den ersten Blick scheint das tatsächlich auch zu stimmen: Je länger ein Akademiker studiert, desto mehr verdient er am Beginn seiner Karriere – ein empirisches Faktum, das vielleicht den einen oder anderen überraschen wird, aber so sind die Dinge nun einmal.

Anders als bei der Krebsgefahr fällt es aber den meisten Menschen hier nicht schwer, das Simpson-Paradox zu demaskieren. Denn wenn wir die Studiendauer und die Anfangsgehälter von Fach zu Fach getrennt betrachten, sehen wir genau das, was wir ohnehin vermuten, daß nämlich eine überdurchschnittliche lange Studiendauer die Berufsaussichten und auch das Gehalt *reduziert*. Daß dennoch lange Studienzeiten und hohe Anfangsgehälter oft zusammenfallen, liegt daran, daß Langzeitstudierende sehr oft Chemie studieren. Und Chemiker haben – oder hatten zumindest zum Zeitpunkt dieser Untersuchung – unter den Akademikern mit die höchsten Anfangsgehälter.

Wir haben hier also die Situation, daß eine abhängige Variable, nämlich das Anfangsgehalt, von zwei Determinanten abhängt, vom Studienfach und von der Studiendauer, und daß die Studiendauer bei gegebenem Studienfach die abhängige Variable negativ beeinflußt. Wirft man aber alle Studienfächer in einen Topf, wird der Zusammenhang auf einmal positiv.

Die folgende Abbildung zeigt, wie das funktioniert: Für jeden festen Wert einer ignorierten Variablen (wie etwa das Studienfach) nimmt die abhängige Variable mit steigenden Werten der erklärenden Variablen ab. Aber legt man eine Gerade (eine sogenannte »Regressionsgerade«) durch alle Punkte insgesamt, wird die Steigung der Geraden positiv.

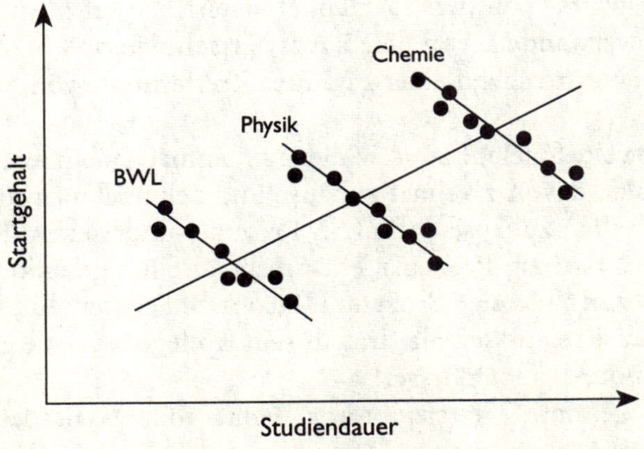

Abb. 7.3: So wird aus einem Minus ein Plus: einfach die dritte Variable ignorieren

Literatur: Fritz Eiden u.a.: »Krebs – ein Industrieprodukt?«, Deutsches Ärzteblatt 79. 1982, 46-50; Richard Otte: »Probabilistic causality and Simpson's paradox«, Philosopy of Science 52, 1985, 110-125; N. G. Hardcastle: »Partitions, probabilistic causal laws, and Simpson's paradox«, Synthese 86, 1991, 209-228; Walter Krämer: Wir kurieren uns zu Tode, Frankfurt 1993 (Campus).

Das Simpson-Paradox und Mittelwerte

Man kann das Simpson-Paradox auch als Ausfluß unterschiedlicher Gewichte bei Mittelwerten sehen. Nehmen wir die beiden Elfmeterschützen von vorhin und ihre Trefferquoten: Der erste zuhause sechzig Prozent und auswärts achtzig Prozent, der zweite zuhause fünfzig Prozent und auswärts siebzig Prozent. Mit anderen Worten, sowohl bei Heim- wie Auswärtsspielen trifft der erste Spieler besser. Aber trotzdem ist der andere der bessere Elfmeterschütze, denn der hat insgesamt gesehen 66,6 Prozent aller Elfmeter verwandelt, verglichen mit 65 Prozent für Spieler 1.

Dieses paradoxe Resultat kann etwa so zustande kommen: der erste Spieler kam 20mal zum Schuß, davon 15mal zuhause und 5mal auswärts. Von den 15 Heimelfmetern hat er 9 Stück = 60 Prozent verwandelt, von den 5 Auswärtselfmetern 4 Stück = 80 Prozent, entsprechend einer gesamten Trefferquote von $^{13}/_{20}$ = 65 Prozent.

Der zweite Spieler hat, so wollen wir einmal annehmen, 12 mal geschossen, davon zweimal zuhause und zehnmal auswärts, mit einem Treffer zuhause (=fünfzig Prozent) und sieben Treffern auswärts (=siebzig Prozent), entsprechend einer gesamten Trefferquote von $^{8}/_{12}$ = 66,6 Prozent. Und obwohl er sowohl auswärts wie zuhause relativ seltener traf als sein Kollege, ist seine gesamte Trefferquote dennoch besser!

Diese gesamte Trefferquote ist nichts anderes als das sogenannte gewichtete arithmetische Mittel der Trefferquoten auswärts und zuhause. Das ist die Summe der beiden Trefferquoten, jeweils malgenommen mit den Anteilen der Heim- und Auswärtselfmeter an allen Elfmetern (den Gewichten). Beim ersten Spieler erhalten wir damit

$$(15/20) \times 60 \text{ Prozent} + (5/20) \times 80 \text{ Prozent} = 65 \text{ Prozent},$$

und beim zweiten Spieler erhalten wir

$$(2/12) \times 50 \text{ Prozent} + (10/12) \times 70 \text{ Prozent} = 66{,}6 \text{ Prozent}.$$

Daß also der zweite Spieler den besseren Gesamtdurchschnitt besitzt, trotz schlechterer Resultate sowohl auswärts wie zuhause, liegt allein an den Gewichten: Bei Spieler 2 bekommt das bessere der beiden Teilresultate das größere Gewicht, bei Spieler 1 das schlechtere, und so gesehen ist das Paradox von Simpson überhaupt nicht mehr so paradox.

Abb. 7.4 illustriert das ganze geometrisch. Die linke senkrechte Achse mißt dabei die Heimtrefferquote, die rechte die Auswärtstrefferquote; die gesamte Trefferquote liegt irgendwo dazwischen, konkret: auf einer Geraden zwischen diesen beiden Trefferquoten links und rechts. Schießt ein Spieler auswärts genausoviele Elfmeter wie zuhause, liegt die gesamte Trefferquote genau in der Mitte; schießt er mehr Elfmeter zuhause, liegt die gesamte Trefferquote näher an der linken Achse, und schießt er mehr Elfmeter auswärts, liegt die gesamte Trefferquote näher an der rechten Achse. Konkret entspricht das Verhältnis der Entfernungen gerade dem Verhältnis der Elfmeter auswärts und zuhause, also dem Verhältnis der Gewichte.

Wenn wir aber die gesamte Trefferquote auf diese Weise geometrisch konstruieren, ist es nicht schwer zu sehen, daß ein gewichteter Mittelwert von zwei kleineren Zahlen durchaus größer werden kann als ein gewichteter Mittelwert von zwei größeren Zahlen. Alles, was wir brauchen, ist, daß die größere der beiden kleinen Zahlen größer ist als die kleinere der beiden großen Zahlen (dann liegt der rechte Endpunkt der unteren Geraden höher als der linke Endpunkt der oberen Geraden). Wenn wir dann noch die Gewichte »richtig« wählen, also bei den kleineren Zahlen die große und bei den größeren die kleine betonen (also uns

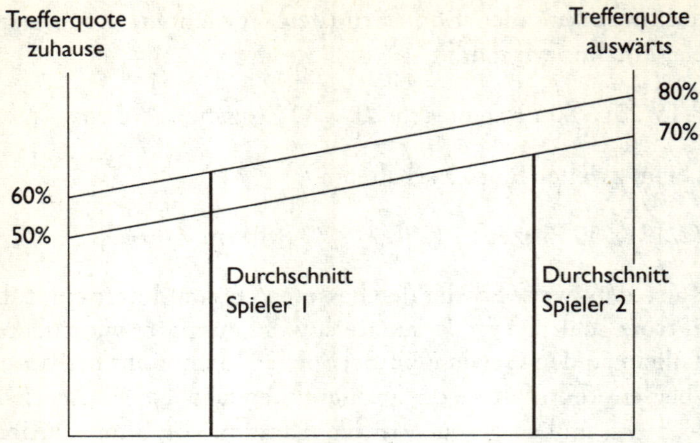

Abb. 7.4: Durch unterschiedliche Gewichte kann das gewogene Mittel von zwei kleineren Zahlen das gewogene Mittel von zwei größeren Zahlen übersteigen

auf der unteren Geraden nach rechts und auf der oberen Geraden nach links bewegen), so werden wir irgendwann auf der unteren Geraden höher liegen als auf der oberen.

Literatur: A. Tan: »A geometric interpretation of Simpson's paradox«, College Mathematics Journal 17, 1986, 340-341; Walter Krämer: So lügt man mit Statistik, Frankfurt 1995 (Campus).

Leben Ehemänner wirklich länger?

Das Vergessen von relevanten erklärenden Variablen, ob mit Absicht oder nur aus Dummheit, das dem Simpson-Paradox zugrundeliegt, ist eine ewige Quelle von Trugschlüssen und Fehlern in allen Wissenschaften gleichermaßen. Ein weiteres Beispiel ist die folgende Meldung aus der Londoner *Times* (Übersetzung von mir): »Per künstlicher Befruchtung gezeugte Kinder sterben dreimal so wahrscheinlich bei der Geburt wie andere.« Und dann wird lange über die Gefahren dieser Technik spekuliert.

Aber ist die künstliche Befruchtung wirklich so gefährlich? Auch wenn die Zahlen selber stimmen, was ich hier einmal annehme, beweist die höhere Sterblichkeit von Retortenbabies zunächst einmal überhaupt nichts. Denn wie die *Times* selber konstatiert, sind die Retortenmütter im Durchschnitt fünf bis zehn Jahre älter als »normale« Mütter. Und bekanntlich steigt das Risiko des Kindes, bei der Geburt zu sterben, mit dem Alter der Mutter.

Was man also bräuchte, wären separate Statistiken über Früh- und Fehlgeburten für verschiedene Altersgruppen der Mütter; nur wenn auch bei festen Werten dieser zunächst ignorierten Variablen eine künstliche Befruchtung die Überlebenschancen des Kindes reduzierte, wäre die Theorie der *Times* bewiesen. Aber so wie zunächst berichtet ist diese Meldung nur ein weiterer Kandidat für Simpsons Paradox.

Oder nehmen wir eine Meldung wie die folgende, die uns regelmäßig jedes Jahr im Sommerloch ergötzt:

»Ehemänner leben länger – Eingefleischte Junggesellen zwischen 45 und 54 Jahren sollten doch den Sprung ins Abenteuer Ehe wagen. Laut Statistik der Epidemiologischen Fakultät an der Universität Kalifornien werden nämlich 23 Prozent der ledigen Männer dieser Altersgruppe in den nächsten zehn Jahren sterben. Das Todesrisiko verheirateter Männer liegt dagegen nur bei 11 Prozent.«

Und in gewisser Weise trifft die Meldung durchaus zu: Ehemänner leben im Durchschnitt wirklich länger als Geschiedene, Witwer oder Junggesellen, wobei die konkreten Zahlen je nach Land und Leuten variieren, von rund fünf Jahren in der Bundesrepublik bis hin zu fünfzehn Jahren, die nach einer demographischen Untersuchung die unverheirateten Männer Japans früher sterben sollen.

Das ist alles unbestritten wahr, aber nicht wahr ist die Erklärung, die wir dafür in den Medien oft lesen: daß Ehemänner länger leben, *weil* sie Ehemänner sind.

Den Grund hat schon der Engländer William Farr in einer Studie aus dem Jahr 1858 über Eheleben und Langlebigkeit in Frankreich formuliert:

»Cretins do not marry; idiots do not marry; idle vagrants herd together, but rarely marry. Criminals by birth and education do not marry to any great extent. ... The children of families which have been afflicted with lunacy are not probably sought in marriage to so great an extent as others; and several hereditary diseases present practically some bar to matrimony. The beautiful, the good, and the healthy are mutually attractive, and their unions are promoted by the parents in France.«

Mit anderen Worten, die Ehemänner im Frankreich des 19. Jahrhunderts lebten nicht deshalb länger, weil sie Ehemänner waren, sondern sie wurden Ehemänner, weil sie länger lebten – die Kausalrichtung verläuft gerade umgekehrt. Faktoren wie Reichtum und Gesundheit, die innerhalb wie außerhalb der Ehe das lange Leben fördern, fördern simultan auch noch die Ehe, und Faktoren wie Armut oder Krankheit, die innerhalb wie außerhalb der Ehe das Leben eher verkürzen, sind der Ehe eher abträglich. Oder wie einer meiner Studenten einmal in einer Klausur formulierte, in der ich den obigen Artikel zur Diskussion gestellt hatte: »Die phänomenale Schlagzeile ›Ehemänner leben länger‹, welche jedem verheirateten Mann eine gewisse Form der Genugtuung und Sicherheit geben wird, erweist sich nach der Lektüre des Artikels als haltlos.«

Damit will ich nicht bestreiten, daß auch die Ehe selbst durchaus das Überleben fördern kann. So sollen etwa verheiratete Männer gesünder essen als unverheiratete, ganz einfach weil getreu dem hergebrachten Rollenmuster Frauen immer noch besser und vor allem gesünder kochen. Und wie jeder Psychologe weiß, kann auch die emotionale Stabilität einer glücklichen Ehe die Gesundheit und die Lebenserwartung beider Partner positiv berühren. Diese widerstreitenden Kausalbeziehungen – in der Demographie als »marriage selection« und »marriage protection« bekannt – sind nicht leicht zu trennen und deswegen noch Gegenstand von wissenschaftlichen Debatten.

Worauf es mir hier ankommt, ist allein: Die bedingte Wahrscheinlichkeit, binnen zehn Jahren zu sterben, gegeben man ist verheiratet, und die bedingte Wahrscheinlichkeit, binnen zehn

Jahren zu sterben, gegeben man ist nicht verheiratet, sagen für sich allein genommen über Wohl und Wehe des Ehelebens überhaupt nichts aus. Denn wie schon in allen anderen Manifestationen von Simpsons Paradox sind die betroffenen Teilmengen der Ehemänner und Ehemuffel alles andere als homogen, und es ist nicht auszuschließen, daß bei einer weiteren Untergliederung, etwa nach Schulbildung, Gesundheit und Einkommen, das paradoxe Resultat entsteht, daß Ehemänner dann nicht später, sondern früher sterben.

Wie so oft bei Simpsons Paradox haben wir hier die klassische Situation, daß eine mögliche Kausalbeziehung aus den Daten alles andere als einfach abzulesen ist. Und da zu den Auswirkungen der Ehe auf den Menschen anders als bei Affen oder Mäusen kontrollierte Experimente nur schwer durchzuführen sind, wird die Debatte wohl noch eine Zeitlang weitergehen. Fest steht jedoch, daß die Ehe nicht nur, wie immer wieder in den Medien zu lesen, die Ursache, sondern auch die (Neben-)Wirkung eines langen Lebens ist.

Literatur: Noreen Goldmann: »Marriage selection and mortality patterns«, Demography 30, 1993, 189-208.

8. Kapitel

Induktion und Illusion: Fehlschlüsse aus Stichproben

»Manche Probleme, die der Zufall aufwirft, erscheinen uns zunächst sehr einfach; man glaubt, sie wären mit etwas gesundem Menschenverstand recht bald zu lösen. Aber das erweist sich leider allzuoft als falsch, und die Fehler, die wir so begehen, sind nicht selten.«

Abraham de Moivre, 1667-1754, einer der Begründer der Wahrscheinlichkeitstheorie

Die falsche Signifikanz der Signifikanz

Im Kielwasser der modernen Statistik hat sich ein Wort klammheimlich in fast alle Wissenschaften eingeschlichen, das es zu Zeiten Goethes oder Schillers in der deutschen Sprache noch nicht gab: signifikant. Einem Patienten geht es signifikant besser, ein Waschmittel wäscht signifikant weißer, die Regierung begrüßt die signifikante Reduktion der Inflation, im Umkreis von Atomkraftwerken gibt es eine signifikante Zunahme der Krebsgefahr (oder sind die Unterschiede nicht signifikant, je nach Weltanschauung des Betrachters) etc. Für viele ist »Signifikanz« eine Art Adelstitel: wissenschaftlich untermauert, empirisch unangreifbar, jenseits allen Zweifels abgesichert, die TÜV-Plakette der modernen Datenhändler.

Aber diese Assoziationskette signifikant=wichtig=richtig ist falsch. Natürlich darf jeder dieses Wort in diesem Sinn benutzen – die Sprache fließt, alte Wörter gehen, neue Wörter kommen. Aber wenn wir damit mehr als nur sagen wollen, daß wir irgendetwas für bedeutsam halten, wenn wir darüber hinaus die Wissenschaft als Zeugen dafür rufen, dann sollten wir hier sehr auf unsere Zunge achten. Denn strenggenommen meint »signifikant« etwas ganz anderes als die meisten glauben.

*

In der Statistik heißen Beobachtungen oder Daten »signifikant«, wenn sie einer Hypothese so sehr widersprechen, daß diese Diskrepanz nicht mehr allein durch Zufall zu erklären ist. Beispiel: Ein neues Medikament wird an sagen wir hundert Probanden getestet, wovon sechzig eine Besserung erfahren. In einer mit Placebo behandelten Kontrollgruppe dagegen verzeichnen nur fünfzig von hundert Personen eine Besserung. Frage: Wirkt das Medikament besser als Placebo, oder sind die sechzig Besserungen nur ein Zufall?

Das Problem ist klar: Auch wenn das neue Medikament nicht den geringsten Nutzen hat – es ist immer möglich, daß der Zufall sechzig Besserungen produziert (wobei ich einmal stillschweigend unterstelle, es wäre unzweideutig festzustellen, was »Besserung« bedeutet). Wie unterscheiden wir das von einer Situation, in der die Besserung durch die Arznei zustande kommt?

Die Vorgangsweise der Statistik ist wie folgt: sie unterstellt zunächst einmal, das Medikament wirke wirklich nur wie ein Placebo – würde also im Durchschnitt bei der Hälfte der Kranken eine Besserung bewirken und bei der anderen Hälfte nicht (für die Experten: ich will im weiteren einmal der Einfachheit halber unterstellen, diese Besserungswahrscheinlichkeit von $^1/_2$ wäre sicher und bekannt). Unter dieser Annahme berechnet man dann die Wahrscheinlichkeit, daß sechzig oder mehr von hundert Kranken nur durch Zufall eine Besserung erfahren. Und wenn diese Wahrscheinlichkeit einen bestimmten Grenzwert unterschreitet – traditionellerweise fünf Prozent –, schließt man den Zufall als Alleinursache aus (und verwirft damit die Placebo-Hypothese).

Dieser Grenzwert von fünf Prozent, den die Wahrscheinlichkeit nicht unterschreiten darf, heißt auch »Irrtumswahrscheinlichkeit« oder »Signifikanzniveau« des Tests. Er sagt uns: »Wenn die Ausgangshypothese zutrifft, wird sie mit einer Wahrscheinlichkeit von maximal fünf Prozent zu Unrecht abgelehnt.«

Diese Prozedur ist heute Standard quer durch alle Wissenschaften und eine konstante Quelle von Irrtümern und Konfusion. Denn zunächst ist selbst vielen Wissenschaftlern nicht bewußt, daß »signifikant« nur heißt, daß ein bestimmtes Ergebnis unter der Ausgangshypothese äußerst unwahrscheinlich ist. Punkt. Ob diese Ausgangshypothese falsch ist oder nicht, ob sie eklatant verletzt ist oder nur ein wenig, oder ob die Abweichung von der Ausgangshypothese in irgendeiner Weise praktisch von Bedeutung ist, dazu sagt eine signifikante Statistik für sich allein genommen überhaupt nichts aus.

So hängt etwa die Signifikanz einer gegebenen Abweichung von der Ausgangshypothese sehr von der Datenmenge ab. In unserem Medikament-Placebo-Beispiel etwa braucht man bei zehn Patienten eine Erfolgsquote von achtzig Prozent, bei hundert Patienten eine Erfolgsquote von 58 Prozent, bei tausend Patienten eine Erfolgsquote von 52,6 Prozent und bei zehntausend Patienten nur noch eine Erfolgsquote von 50,8 Prozent für ein signifikantes Resultat. Mit anderen Worten, bei großen Stichproben sind selbst kleinste Abweichungen von der Ausgangshypothese schon »signifikant«, bei kleinen Stichproben dagegen kann man selbst grobe Verletzungen der Ausgangshypothese noch dem Zufall in die Schuhe schieben.

Deshalb ist signifikant auch etwas anderes als wichtig. Wenn das neue Medikament die Besserungswahrscheinlichkeit von 50 Prozent auf 51 Prozent erhöht, so kann man das wohl kaum als revolutionären Fortschritt in der Medizin bezeichnen. Aber in einer hinreichend großen Stichprobe wird die Verbesserung trotzdem »signifikant«, und das hat manchmal recht groteske Konsequenzen. Nehmen wir eine Firma, die angeblich Frauen (oder Männer, Ausländer, Inländer, Behinderte, Gesunde, ...) diskriminiert. Die Firma wird verklagt. Jetzt nehmen vor allem amerikanische Gerichte oft die obige Signifikanzrhetorik auf und verurteilen große Firmen schon bei minimalen Abweichungen von der Norm als »signifikante« Diskriminierer, während Kleinbetriebe diskriminieren können wie sie wollen – es ist alles nicht signifikant.

*

Solche Mißverständnisse sind entschuldbar, da aus Unkenntnis geboren. Der nächste Fehler erfordert aber schon eine gewisse kriminelle Energie. Angenommen etwa, unsere Pharmafirma testet ihr neues Medikament an hundert Patienten, mit fünfundfünfzig Besserungen. Damit ist diese Erfolgsquote nicht signifikant (korrekter: nicht signifikant besser als fünfzig Prozent).

Aber einmal angenommen, die Gesamtstichprobe von hundert Patienten setzt sich aus zehn Teilstichproben à zehn Patienten zusammen, mit den folgenden Resultaten:

Stichprobe Nr.	Besserungen	Erfolgsquote
1	4	40%
2	6	60%
3	9	90%
4	7	70%
5	4	40%
6	5	50%
7	6	60%
8	3	30%
9	5	50%
10	6	60%

Trotz einer gesamten Erfolgsquote von fünfundfünfzig Prozent ist also in einigen Teilmengen diese Quote sehr viel höher – in der dritten Teilstichprobe etwa neun von zehn. Und nun kommt der Betrug: Es wird nur diese eine Teilstichprobe ausgewertet, und zwar so, als wäre es die einzige gewesen. Dann betrüge, wenn die Ausgangshypothese »Medikament nicht besser als Placebo« stimmt, die Wahrscheinlichkeit von neun Besserungen bei zehn zufällig ausgewählten Patienten nur 1,07 Prozent; sie liegt damit beträchtlich unter fünf Prozent – ein hochsignifikantes Resultat.

Was diese Rechnung aber verschweigt, und was viele andere, die das Wort »signifikant« im Munde führen, in ähnlichen Fällen ebenfalls verschweigen, ist die alles andere als zufällige Auswahl der Stichprobe: aus der großen Stichprobe von hundert Patienten wurde allein die Teilstichprobe mit den besten Resultaten ausgewählt, und damit entfällt eine wesentliche Voraussetzung für die Berechnung der obigen Wahrscheinlichkeit – das Ergebnis von 1,07 Prozent ist falsch.

In Wahrheit ist die Wahrscheinlichkeit für das Ergebnis zehnmal größer; daß in *mindestens einer* von zehn Stichproben neun oder mehr Patienten rein zufällig genesen, geschieht mit einer Wahrscheinlichkeit von

$$1 - 0{,}9893^{10} = 0{,}1020 = 10{,}2\%.$$

Mit anderen Worten, dieses Resultat ist auch durch Zufall zu erklären, es ist nicht signifikant.

*

Solche scheinsignifikanten Resultate plagen die empirische Statistik, seit es empirische Statistik gibt; in Psychologie und Ökonomie, Soziologie und Medizin wimmelt es nur so von signifikanten Effekten und Zusammenhängen, Kausalbeziehungen und Einflußfaktoren, die in Wahrheit reine Zufallskinder sind, ob so wie oben mit Absicht in die Welt gesetzt oder ob eher unabsichtlich durch die Vorliebe von Fachjournalen entstanden, vorzugsweise »signifikante« Resultate abzudrucken, wodurch aber ebenfalls die Aussage von Tests beeinflußt wird. Denn selbst wenn wir Manipulationen so wie oben ausschließen: Dieser Ausleseprozeß, dieses Aussortieren von nicht »signifikanten« Studien durch Dritte läßt die Bedeutung der überlebenden Ergebnisse genauso unangemessen wachsen wie das Manupulieren der Wahrscheinlichkeiten in den Studien selbst. Wenn wir in hundert Studien statistisch testen, ob ein bestimmter Effekt vorhanden ist, etwa ob Zähneputzen Haarausfall erzeugt oder ob Frauen dümmer sind als Männer, so werden bei einem Signifikanzniveau von fünf Prozent im Mittel fünf dieser hundert Studien, auch wenn kein Effekt vorhanden ist, rein durch Zufall und ohne die geringsten Manipulationen einen »signifikanten« Zusammenhang entdecken. Und dreimal dürfen wir raten, über welche dieser Studien in der *Bild-Zeitung* berichtet wird ...

Also nochmals: Signifikant heißt einzig und allein, daß die Daten unter der Ausgangshypothese reichlich unwahrscheinlich sind. Wenn Zähneputzen keinen Haarausfall erzeugt und Frauen weder dümmer noch klüger sind als Männer, werden wir unter 30-jährigen Zähneputzern nicht mehr und nicht weniger Glatzköpfe finden als unter Männern, die sich nicht die Zähne putzen, und bei Intelligenztests werden Frauen nicht besser und nicht schlechter abschneiden als Männer. Aber trotzdem können wir natürlich in einer unglücklich gewählten Stichprobe unter Zähneputzern viele Kahle und unter Frauen viele Dumme finden, so daß ein statistischer Signifikanztest völlig legal auf Ablehnung der Ausgangshypothese »kein Zusammenhang« erkennen müßte. Denn ein statistischer Test, um das noch einmal klarzustellen, kann nie die Wahrheit garantieren; er hilft uns nur, die Wahrscheinlichkeit für einen Fehler einzugrenzen, und das ist etwas völlig anderes...

Solche scheinsignifikanten Resultate – falsche, nur durch Zufall zustandegekommene Ablehnungen von korrekten Ausgangshypothesen – sind besonders dann gefährlich, wenn wir als die Adressaten der Botschaft von diesem Umfeld und der Vorgeschichte nichts erfahren; wir lesen, daß neun Monate nach einem Stromausfall in X dort die Geburten angestiegen sind, daß Katholiken ärmer sind als Protestanten, daß Knoblauchesser länger leben, daß leitende Manager lieber Fluglinie A als B benutzen, daß die Todesstrafe abschreckt oder auch nicht (je nach Weltanschauung), daß Schwarze krimineller sind als Weiße, daß Chemiefabriken (Ziegelwerke, Starkstromleitungen, Mülldeponien etc.) Leukämie erzeugen, und das alles wissenschaftlich abgesichert und signifikant. Wir lesen nicht, wieviele andere Studien und Stichproben *ohne* signifikante Resultate es außerdem gegeben hat. Wir lesen nicht, in wieviel Studien Katholiken genauso reich oder reicher sind als Protestanten, oder leitende Manager lieber Linie B als Linie A benutzen, oder die Todestrafe nicht abschreckt, oder Industriebetriebe keine Leukämie erzeugen, und ehe wir das nicht wissen, können wir auch die »Signifikanz« der selektierten Resultate, die uns letztendlich dann erreichen, nicht ermessen.

Daher sind auch die immer wieder gern gedruckten Horrormeldungen über die Häufung von Krankheiten aller Art in der Nähe von Atomkraftwerken (die A. K. Dewdney »numerischen Terrorismus« nennt) bis auf weiteres als statistische Manipulationen abzutun: Unter rund 400 Teilstichproben (so viele Kernkraftwerke gibt es derzeit auf der Welt) wird diejenige herausgesucht, die am besten in das vorgeprägte Weltbild paßt, und daß dann natürlich »signifikante« Abweichungen nur so vom Fließband fallen, ist alles andere als überraschend.

Literatur: Heinz Sahner: »Veröffentlichte empirische Sozialforschung: eine Kumulation von Artefakten?«, Zeitschrift für Soziologie 8, 1979, 267-278; Nikolaus Becker und Jürgen Wahrendorf: »Regionale Häufungen von Krebsfällen«, Deutsches Ärzteblatt 88, 1991, 2411-2416; Walter Krämer: So lügt man mit Statistik, Frankfurt 1995 (Campus); A. K. Dewdney: 200% of nothing, New York 1993 (Wiley) (Interessanterweise wurde in der deutschen Übersetzung dieses Buches der Abschnitt über Manipulation bei der »signifikanten« Gefährdung durch Atomkraftwerke weggelassen).

Justizirrtümer und die zwei Fehler beim statistischen Testen

Angenommen, ein statistischer Test lehnt eine Ausgangshypothese ab. Das ist kein Beweis, wie wir gesehen haben, daß die Ausgangshypothese falsch ist. Wir wissen nur: Falls die Ausgangshypothese richtig ist, kann ein signifikantes, zur Ablehnung führendes Resultat nur mit einer sehr kleinen Wahrscheinlichkeit zustandekommen, für die konventionellerweise die bekannte Obergrenze von fünf Prozent vereinbart wird. Mit anderen Worten, wir wissen nicht, ob wir korrekt entscheiden; wir können nur, falls die Ausgangshypothese zutrifft, die Wahrscheinlichkeit für eine Fehlentscheidung kontrollieren.

Wenn wir aber diese Wahrscheinlichkeit für eine Fehlentscheidung kontrollieren können, warum machen wir sie dann nicht kleiner? »Warum verschärfen wir nicht die Kriterien«, könnten wir jetzt fragen, »warum müssen wir mit einer Wahrscheinlichkeit von fünf Prozent für eine Fehlentscheidung leben? Könnte und sollte man nicht diese Fehlerwahrscheinlichkeit so weit wie möglich reduzieren?« Und wir reduzieren und verkleinern, und rennen dabei einem anderen Fehler ahnungslos ins Messer.

Denn was geschieht, wenn die Ausgangshypothese falsch ist, wir sie aber *nicht* verwerfen? Auch das ist offensichtlich eine Fehlentscheidung, und je strenger die Kriterien für eine Ablehnung der Ausgangsthese, desto öfter wird uns dieser Fehler unterlaufen.

Mit dem Auseinanderhalten dieser beiden Fehlerquellen haben viele Menschen große Schwierigkeiten. »Wir müssen die Kriterien für Sozialhilfe lockern«, sagen die einen, »denn immer noch hungern oder frieren Menschen hierzulande.«

»Was ein Blödsinn«, sagen andere. »Wir müssen die Kriterien verschärfen, denn in unserer sozialen Hängematte ruhen sich zuviele Simulanten und Schmarotzer aus.«

Offenbar haben die Advokaten der liberaleren Sozialhilfe vor allem den ersten der oben aufgeführten Fehler im Sinn (den sogenannten Fehler 1. Art): Sie wollen verhindern, daß Menschen, die nach unserem Weltbild eigentlich Sozialhilfe verdienen, durch die Maschen der Gesetze fallen. Aber dabei übersehen sie oft den Fehler 2. Art, nämlich daß bei einer Verengung dieser Maschen fast automatisch auch immer mehr Zeitgenossen darin hängenbleiben, die sehr gut für sich selber sorgen könnten.

Umgekehrt die Befürworter einer Verschärfung der Kriterien: Sie haben vor allem den Fehler 2. Art im Sinn; sie wollen eine

Ausbeutung unserer sozialen Sicherung durch Menschen verhindern, die diese soziale Sicherung nicht nötig haben. Aber dabei übersehen sie den Fehler 1. Art, nämlich daß dann auch immer mehr Menschen von der Hilfe ausgeschlossen bleiben, die sie wirklich brauchen.

Und so gibt es viele Entscheidungen, die so oder so das Potential für eine Fehlentscheidung in sich bergen: einen Asylbewerber ablehnen oder nicht, Arbeitslosengeld gewähren oder nicht, einen chirurgischen Eingriff wagen oder nicht, oder die Freundin (bzw. den Freund) ehelichen oder nicht, und viele andere Ja-Nein Situationen, die bei begrenzter Information so oder so entschieden werden müssen. Und wie wir auch entscheiden, wir sind nie sicher, richtig zu entscheiden, ein Fehler ist nie völlig auszuschließen.

*

Nehmen wir doch einmal die Frage »Heiraten: Ja oder Nein«. Wenn wir dazu das bisherige Zusammenleben als Stichprobe betrachten und als Ausgangshypothese nehmen: die Person ist die Frau (der Mann) meines Lebens, so können wir aufgrund dieser Stichprobe den anderen heiraten oder nicht (immer unterstellt, er oder sie ist einverstanden). Und dabei gibt es insgesamt vier Möglichkeiten, die ich im weiteren einmal von der männlichen Warte aus durchspiele: Entweder sie ist wirklich die Frau meines Lebens, oder sie ist es nicht. Und in jedem dieser Fälle habe ich die Wahl, zu heiraten oder auch nicht.

Die folgende Abbildung faßt diese Situation zusammen. Ich selbst habe nur die Wahl der Zeile: Ausgangshypothese ablehnen oder nicht. Auf die Spalte habe ich keinen Einfluß. Ich weiß allein: Lehne ich die Ausgangshypothese ab, entscheide ich entweder richtig, oder begehe einen Fehler 1. Art. Lehne ich die Ausgangshypothese nicht ab, entscheide ich entweder richtig oder begehe einen Fehler 2. Art. Aber ob ich richtig oder falsch entscheide, kann ich niemals vorher sicher wissen.

	Ausgangshypothese ist richtig	Ausgangshypothese ist falsch
Ausgangshypothese wird abgelehnt	*Falsche Entscheidung (Fehler 1. Art)*	*Richtige Entscheidung*
Ausgangshypothese wird nicht abgelehnt	*Richtige Entscheidung*	*Falsche Entscheidung (Fehler 2. Art)*

Abb. 8.1: Zwei mögliche Entscheidungen und zwei mögliche wahre Sachverhalte ergeben vier Kombinationen. Wir haben dabei nur die Wahl der Zeile – in welcher Spalte wir uns befinden, wissen wir nicht

Angenommen, ich fürchte mich vor einem Fehler 1. Art, also davor, die Frau meines Lebens zu verpassen. In diesem Fall lege ich die Latte für eine Ablehnung der Ausgangshypothese eher höher; ich toleriere auch recht extremes Verhalten, ehe ich die Ausgangshypothese verwerfe. Aber damit erhöhe ich natürlich die Wahrscheinlichkeit für einen Fehler 2. Art, nämlich durch die Heirat einen wahren Besen einzuhandeln.

Habe ich dagegen eher Angst vor einem Fehler 2. Art, also davor, an die Falsche zu geraten, lege ich die Latte eher tiefer; ich sage schon bei kleinen Differenzen: Tschüs, das war's. Und verpasse so natürlich viel eher meine wahre große Liebe.

*

Solche Überlegungen haben durchaus auch ernste Konsequenzen, etwa in der Strafjustiz. Auch hier gibt es Hypothesen und Indizien, muß man zwei Arten von Fehlern unterscheiden und ist es niemals möglich, beide Fehlertypen simultan zu kontrollieren.

Fangen wir mit der Ausgangshypothese an. In einem Rechtsstaat lautet diese immer: Der oder die Angeklagte ist unschuldig. Und es ist die Aufgabe des Anklägers, diese Ausgangshypothese durch Fakten und Indizien zu widerlegen.

Wenn wir einmal von Augenzeugen und Geständnissen absehen, uns also auf reine Indizienprozesse beschränken, können wir dabei nie völlig sicher sein, die Wahrheit wirklich auch zu finden, und müssen zwei Fehlertypen ins Auge fassen: einen Unschuldigen verurteilen oder einen Schuldigen mangels Beweisen laufen lassen.

Einen Unschuldigen zu verurteilen, also eine korrekte Ausgangshypothese zu Unrecht abzulehnen, ist ein Fehler 1. Art; in einem Rechtsstaat versuchen wir, vor allem die Wahrscheinlichkeit für diesen Fehler 1. Art zu minimieren: Die Ausgangshypothese der Unschuld wird nur dann verworfen, wenn die Indizien »mit an Sicherheit grenzender Wahrscheinlichkeit« das Gegenteil bezeugen, was wie folgt gelesen werden kann: »Unter der Voraussetzung, daß der Angeklagte unschuldig ist, sind diese Indizien sehr unwahrscheinlich.«

Sie werden eines Einbruchs angeklagt, Ihr Fingerabdruck findet sich im Badezimmer, und Sie behaupten, Sie wären nie in diesem Haus gewesen. Jetzt überlegt der Richter: »Mit einer Wahrscheinlichkeit von sagen wir eins zu hundert Millionen hat jemand anders auf der Welt die gleichen Fingerabdrücke. Wenn also der Angeklagte wirklich unschuldig ist, sind die Indizien sehr unwahrscheinlich: daß dieser Doppelgänger mit ebendiesen gleichen Fingerabdrücken sich in diesem Badezimmer aufgehalten hat, ist zwar nicht prinzipiell unmöglich, aber unwahrscheinlich. Wenn ich den Angeklagten also verurteile, ist die hypothetische Wahrscheinlichkeit für einen Fehler 1. Art so klein (hypothetisch berechnet für den Fall der Unschuld), daß ich damit ruhig schlafen kann – ich spreche schuldig.«

So denkt der Richter, und obwohl er oder sie vermutlich noch nie ein Statistik-Buch gelesen hat, hat er hier ohne es zu wissen eine statistische Testentscheidung getroffen.

Wie klein die hypothetischen Wahrscheinlichkeiten für einen Fehler 1. Art sein müssen, damit sie für eine Verurteilung ausreichen, ist von Gericht zu Gericht verschieden. Im schottischen Edinburgh z.B. wurde ein Fernfahrer wegen Mord an einer Prostituierten zu lebenslanger Haft verurteilt, weil an der Leiche

Blut aus einer Gruppe gefunden wurde, die es in ganz Großbritannien nur sechshundertmal gibt, und eben auch bei dem Angeklagten. Ich weiß nicht, welche zusätzlichen Indizien hier noch eine Rolle spielten – aber wenn diese Übereinstimmung der einzige Grund für das Urteil war, hatte der Richter eine Wahrscheinlichkeit von grob gerechnet eins zu hunderttausend für einen Fehler 1. Art in Kauf genommen.

Auf der anderen Seite hat kürzlich der deutsche Bundesgerichtshof entschieden, daß ein sogenannter genetischer Fingerabdruck als alleiniges Beweismittel nicht reicht. Denn trotz der Aussage eines Gerichtsmediziners, daß im Fall der Unschuld des Angeklagten nur mit einer Wahrscheinlichkeit von ebenfalls eins zu hunderttausend sein Sperma den gleichen genetischen Fingerabdruck hat wie das bei dem Opfer gefundene, wurde der Angeklagte freigesprochen.

Offenbar gewichten deutsche und englische Richter hier die Wahrscheinlichkeiten für einen Fehler 1. oder 2. Art verschieden. Der deutsche Richter hatte mehr Angst davor, einen Unschuldigen hinter Gitter zu bringen (Fehler 1. Art), und der englische Richter hatte mehr Angst davor, einen Mörder auf freien Fuß zu setzen (Fehler 2. Art).

Und beide Fehler kommen in der Strafjustiz auch wirklich vor, der zweite allerdings (bzw. hoffentlich) weit öfter als der erste. Ein großer Teil der mangels Beweisen freigesprochenen Angeklagten sind durchaus schuldig, genauso wie manche Verurteilte zu Unrecht abgeurteilt worden sind: der Bauer Johann Lettenbauer, 1947 vom Schwurgericht Kempten wegen Mordes an seiner Tochter und seinem Enkel zu lebenslanger Haft verurteilt, bis zwanzig Jahre später ein anderer die Tat gestand; der Melker Arthur Meinberg, 1950 vom Schwurgericht Siegen wegen Ermordung eines Kollegen zu lebenslanger Haft verurteilt, bis später ein Alibizeuge seine Unschuld bewies; und sicher noch der eine oder andere mehr, der heute noch zu Unrecht in einem deutschen Gefängnis sitzt.

Der Punkt ist aber, mit diesen Fehlurteilen müssen wir leben, es sei denn, wir sprechen alle Angeklagten immer frei. Wir können zwar versuchen, die Wahrscheinlichkeit für einen Fehler 1. wie auch 2. Art durch gründlichere Polizeirecherchen und Fortschritte in der Kriminalistik zu verringern, aber bei gegebenem Stand der Kriminalwissenschaft und bei gegebener Effizienz der polizeilichen Ermittlungen hat eine Reduzierung der ersten Fehlerwahrscheinlichkeit immer und automatisch eine Erhöhung der zweiten Fehlerwahrscheinlichkeit zur Folge und umgekehrt. Beide Fehler ganz zu meiden ist auf dieser Welt nicht möglich.

*

Umso mehr kommt es bei solchen Indizienprozessen auf das korrekte Berechnen von Wahrscheinlichkeiten an, und hier kommen oft bedenkliche Schlampereien vor. Der wohl bekannteste Fall, in den 60er Jahren vor einem amerikanischen Gericht verhandelt, ist »People versus Collins«: Eine gewisse Janet Collins ist wegen Diebstahl angeklagt – sie soll einer alten Frau die Geldbörse entrissen haben. Frau Collins leugnet, hat aber kein Alibi. Die bestohlene Dame, da von hinten angerempelt, konnte die Diebin nicht erkennen, sie wußte nur: Die Diebin war von weißer Hautfarbe und blond mit einem Pferdeschwanz; außerdem entschwand sie in einem gelben, von einem schwarzen Mann mit Bart gesteuerten Auto.

Aufgrund dieser Indizien wurde Janet Collins verurteilt: Sie war weiß und blond, trug zur Tatzeit einen Pferdeschwanz, und ihr Freund war farbig und trug zur Tatzeit einen Vollbart. Außerdem fuhr er ein gelbes Auto.

Der Staatsanwalt argumentierte so: Zehn Prozent aller Autos in Kalifornien sind gelb; zehn Prozent aller Frauen im Alter der Täterin tragen einen Pferdeschwanz, und ein Drittel sind blond; einer von vierzig farbigen Kaliforniern trägt einen Vollbart, und in einem von tausend aller kalifornischen Autos sitzt ein gemischtrassiges Paar. Also beträgt die Wahrscheinlichkeit für alle diese Charakteristika zusammen genau

$$0{,}1 \times 0{,}1 \times 0{,}333 \times 0{,}025 \times 0{,}001 = 0{,}0000000833$$

oder rund eins zu zwölf Millionen. Damit ist die Wahrscheinlichkeit für einen Fehler 1. Art so klein, daß wir Frau Collins verurteilen dürfen. Und Frau Collins wurde verurteilt.

Zum Glück hatte sie einen Anwalt, der etwas Statistik konnte, und der erreichte in der nächsten Instanz eine Aufhebung des Urteils. Denn der Staatsanwalt hatte sich verrechnet; er hatte eine Formel angewandt, die nur bei unabhängigen Ereignissen gilt, also bei Ereignissen wie »Sechs im ersten Wurf« und »Sechs im zweiten Wurf« beim zweimaligen Würfeln, deren Wahrscheinlichkeiten nicht davon abhängen, ob oder ob nicht das andere Ereignis eingetreten ist: Wenn ein zufällig ausgewählter Kalifornier mit Wahrscheinlichkeit $1/40$ einen Vollbart trägt und mit Wahrscheinlichkeit $1/10$ ein gelbes Auto fährt, so hat er, wenn diese Ereignisse unabhängig sind, mit Wahrscheinlichkeit

$$\frac{1}{10} \times \frac{1}{40} = \frac{1}{400}$$

sowohl einen Vollbart wie ein gelbes Auto. Das ist die sogenannte Multiplikationsregel für Wahrscheinlichkeiten, die wir schon aus früheren Kapiteln kennen und die es uns erlaubt, bei unabhängigen Ereignissen die Wahrscheinlichkeit zu finden, daß alle zusammen eintreten.

Sind die fraglichen Ereignisse aber nicht unabhängig, so ist auch die Multiplikationsregel nicht anwendbar. Nehmen wir die Ereignisse »Augensumme größer neun« und »Augensumme größer zehn« beim zweimaligen Würfeln. Diese Ereignisse sind offenbar nicht unabhängig, denn wenn ich weiß, daß die Augensumme mehr als zehn beträgt, wenn ich also weiß, daß das zweite Ereignis eingetreten ist, so weiß ich auch, daß dann das erste Ereignis eingetreten ist (»Augensumme größer neun«), und die Wahrscheinlichkeit, daß *beide* Ereignisse eintreten, ist größer als das Produkt der beiden einzelnen Wahrscheinlichkeiten.

Auch im Fall von Frau Collins liegen gleich haufenweise abhängige Ereignisse vor: blond und Pferdeschwanz (viel mehr blonde als dunkle Frauen tragen einen Pferdeschwanz), blond und farbiger Freund (farbige Männer bevorzugen blonde

Freundinnen), farbiger Fahrer und gelbes Auto etc., und damit ist die Wahrscheinlichkeit für alle Charakteristika zusammen nicht mehr das Produkt der einzelnen Wahrscheinlichkeiten, sondern größer; die Wahrscheinlichkeit von eins zu zwölf Millionen ist viel zu klein. In Wahrheit findet man diese Kombination von Merkmalen weit öfter, und damit wird das Risiko für einen Fehler 1. Art so groß, daß Frau Collins freigesprochen werden muß.

*

Aber es gibt noch einen weiteren Grund, das Argument des Staatsanwaltes abzulehnen. Denn er hatte die kritische Wahrscheinlichkeit nicht nur falsch berechnet, sondern auch falsch interpretiert, und dieser Fehler ist sogar noch schlimmer. Er hatte nämlich nicht nur ausgerechnet: »Die Wahrscheinlichkeit für einen Fehler 1. Art beträgt eins zu zwölf Millionen«, sondern außerdem auch noch behauptet: »Mit einer Wahrscheinlichkeit von eins zu zwölf Millionen, also fast mit Sicherheit, ist Frau Collins der Täter«, und das ist – selbst bei ansonsten richtiger Berechnung – durch die Daten nicht gedeckt.

Entweder ist Frau Collins der Täter, oder nicht. Oder in der Sprache der Statistik formuliert: Die Ausgangshypothese ist entweder richtig oder falsch. Und ob sie richtig oder falsch ist, wird nicht durch ein Zufallsexperiment entschieden, das steht fest; wir wissen es nur nicht (wenn wir es wüßten, bräuchten wir nicht zu testen bzw. keine Indizien zu sammeln). Natürlich ist es jedem unbenommen, sein oder ihr Vertrauen in die Ausgangshypothese in Wahrscheinlichkeiten auszudrücken (Experten wissen, daß ich damit die Bayesianer meine), aber das ist eine andere Art von Wahrscheinlichkeit, über die ich hier nicht weiter reden möchte.

Ein statistischer Test kann uns also niemals sagen, ob die Ausgangshypothese richtig ist. Er kann uns noch nicht einmal sagen, auch wenn in manchen Statistik-Büchern etwas anderes steht, mit welcher Wahrscheinlichkeit sie richtig ist. Er sagt uns ganz allein das folgende: »*Falls* unsere Vermutung zutrifft, *falls* die Ausgangshypothese richtig ist, kommt ein signifikantes, zur Ablehnung führendes Resultat mit einer vorgegebenen Maximalwahrscheinlichkeit zustande«, und sonst nichts. Über die Wahrscheinlichkeit, daß die Ausgangshypothese zutrifft, erfahren wir so nicht das mindeste.

Es ist also ganz zentral (und umso bedenklicher, daß viele Richter und Staatsanwälte das nicht wissen), daß eine noch so kleine Wahrscheinlichkeit für einen Fehler 1. Art für sich allein genommen einen Angeklagten nicht im mindesten belastet. Denn sonst könnte ich als Richter etwa so entscheiden: »Hat der Angeklagte letztes Wochenende im Lotto einen Hauptgewinn gewonnen, wird er verurteilt, andernfalls wird er freigesprochen.« Diese Prozedur hat eine Wahrscheinlichkeit von eins zu vierzehn Millionen für einen Fehler 1. Art – wenn wir so alle unschuldigen Bundesbürger und -bürgerinnen aburteilen, ist die Wahrscheinlichkeit für ein Fehlurteil ganz minimal. Aber trotzdem wird wohl niemand ernsthaft glauben, daß ein so Verurteilter tatsächlich schuldig ist.

Nur wenn die Indizien, so wie ein Fingerabdruck am Tatort, den Angeklagten außerdem auch noch belasten, wenn also eine kleine Wahrscheinlichkeit für einen Fehler 2. Art hinzutritt, wird die Wahrscheinlichkeit für einen Fehler 1. Art bedeutsam. Für sich allein genommen sagt sie über Schuld und Unschuld überhaupt nichts aus.

Literatur: David Freedman, Robert Pisani und Roger Purvis: Statistics, New York 1978 (Norton); Georg Schrage: »Stochastische Trugschlüsse«, Mathematica Didactica 7, 1984, 3-19; »Gen-Analyse reicht als Beweismaterial nicht aus«, Hannoversche Allgemeine Zeitung, 2. 9. 1992.

Verzerrte Stichproben und das Ende der Menschheit

In der Leserbriefspalte der Londoner *Times* war einmal folgende Theorie zu lesen (entwickelt von einer Staatsanwältin eines Jugendgerichts): »Kinder aus großen Familien werden öfter kriminell.«

Die Dame stützte ihre Theorie auf folgende Statistik:

Anzahl Kinder in Familie	Anzahl Fälle
1	3
2	3
3	9
4	16
5	8
6	15
mehr als 6	16

Diese Zahlen sind so zu lesen, daß in drei Fällen von Jugendkriminalität, mit denen die Staatsanwältin befaßt war, der Übeltäter oder die Übeltäterin aus einer Ein-Kind-Familie kam, in drei Fällen aus einer Zwei-Kind-Familie, in neun Fällen aus einer Drei-Kind-Familie und so weiter. Und wie wir sehen, nimmt die Zahl der Übeltäter mit wachsender Zahl der Kinder pro Familie zu.

Aber wie natürlich jeder Leser und jede Leserin, der oder die mir bis hierher gefolgt ist, inzwischen sofort sieht, ist das überhaupt kein Zeugnis gegen kinderreiche Familien. Denn diese kamen ja auch mit einer weit größeren Wahrscheinlichkeit in die obige Stichprobe hinein.

Einmal angenommen, die Neigung zu kriminellem Verhalten bei Jugendlichen hat mit der Zahl der Geschwister nichts zu tun, und die kriminellen Tendenzen der Geschwister sind unabhängig voneinander. Dann ist die Wahrscheinlichkeit, daß eine Familie mit zwei Kindern wegen Mißverhaltens eines Sprößlings gerichtsnotorisch wird, rund doppelt so hoch wie für Familien mit einem Kind. Für Familien mit drei Kindern ist sie sogar fast dreimal so hoch, für Familien mit vier Kindern rund viermal so hoch, und so weiter. Mit anderen Worten, es ist überhaupt kein Wunder, daß so viele Delinquenten vor Jugendgerichten aus kinderreichen Familien kommen. Denn kinderreiche Familien haben auch mehr Kinder.

Die Stichprobe der Staatsanwältin war also »verzerrt«: nicht alle Familien kamen mit der gleichen Wahrscheinlichkeit hinein.

Und solche Verzerrungen können, sofern unbemerkt, zu recht grotesken Resultaten führen.

Im 2. Weltkrieg haben amerikanische Statistiker einmal die Flaktreffer an heimgekehrten Bombern untersucht. Abb. 8.2 zeigt eine typische Skizze der Treffer an der Unterseite eines Bombers: gleichmäßig verteilte Einschläge an Rumpf und Flügeln, mit einer Ausnahme: in einem bestimmten Bereich in der Mitte gibt es keine Treffer. »Komisch«, könnte jetzt der Flugzeugbauer überlegen, »hier scheinen die Deutschen nicht zu treffen. Also brauche ich für diesen Teil des Flugzeugs keinen Panzer.«

In Wahrheit braucht natürlich gerade dieser Teil des Flugzeugs einen Panzer. Denn daß die heimkehrenden Bomber an dieser Stelle keine Treffer hatten, lag nicht daran, daß die deutsche Flak dorthin nicht traf, sondern daran, daß die dort getroffenen Bomber nicht mehr zurück nach Hause kamen – hier war nämlich der Benzintank.

Oder eine deutsche Universitätsverwaltung meldet stolz zu einem neuen Studiengang: »Im Sommersemester ... legten die er-

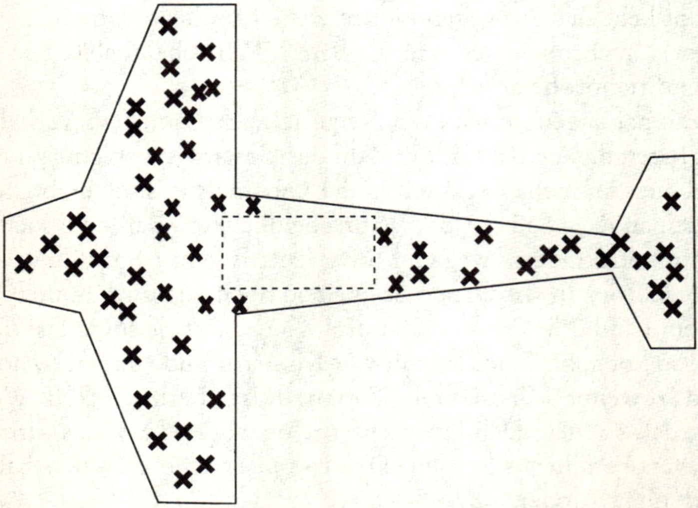

Abb. 8.2: Eine verzerrte Stichprobe: Nur die Einschläge außerhalb des gestrichelten Rechtecks hatten eine Chance, registriert zu werden

sten Absolventen des Studienganges Betriebswirtschaftslehre an der Johannes Gutenberg Universität Mainz ihre Diplomprüfung ab. Die Absolventen benötigten für ihr Studium maximal neun Semester und erzielten, so berichtet der Fachbereich, überdurchschnittlich gute Noten. Sie zeigten damit, daß die Bemühungen des Fachbereichs Rechts- und Wirtschaftswissenschaften um eine Verkürzung der Studiendauer durch sinnvolle Gestaltung der Studienordnung erfolgreich sind.«

Pustekuchen. Auch das ist nur das Resultat einer verzerrten Stichprobe. Denn wie lange können neun Semester nach Eröffnung eines Studiengangs die ersten Absolventen höchstens brauchen...? Und daß diese Schnelldenker dann auch besonders gute Noten haben, verwundert auch nicht sehr. Hätten die guten Mainzer Betriebswirte gewartet, bis alle Anfänger des ersten Jahres fertig sind, wäre vermutlich ein ganz anderes Bild entstanden.

*

Und zum Abschluß des Buches ein Beweis, einer respektierten Fachzeitschrift entnommen, daß die Menschheit demnächst untergeht: Dazu fassen wir alle Menschen, die jetzt gerade leben oder bisher jemals gelebt haben (insgesamt rund hundert Milliarden Menschen, wenn wir modernen Demographen glauben dürfen), als eine Stichprobe aller Menschen auf, die überhaupt jemals geboren werden oder geboren worden sind. Wenn die Erde inklusive der Species Homo Sapiens also noch weitere tausende oder hunderttausende von Jahren existiert, kommen nach uns nochmals mehrere hundert Milliarden bis Billionen Erdenbürger, bis irgendwann die Sonne aufhört zu scheinen und unser schöner Planet endgültig seinen Abschied von der Weltenbühne nimmt.

Und jetzt kommt das »Doomsday-Argument«: »Wenn noch viele Menschen nach uns folgen, ist die Stichprobe der bis jetzt geborenen sehr klein. Mit anderen Worten, die Wahrscheinlichkeit, daß ausgerechnet wir in dieser Stichprobe erscheinen, ist ebenfalls sehr klein. Wenn dagegen die Menschheit demnächst untergeht, ist die Stichprobe der bis jetzt geborenen sehr groß –

fast alle jemals in Vergangenheit und Zukunft geborenen Menschen sind bereits darin enthalten. Mit anderen Worten, dann ist die Wahrscheinlichkeit sehr groß, daß auch wir in dieser Stichprobe erscheinen (denn nach uns kommt ja kaum noch was). Also können wir allein aus unserer Existenz schon folgern, daß die Menschheit demnächst untergeht.«

Dieses Argument wurde in durchaus seriösen Zeitungen und Zeitschriften wie auch in Fachjournalen ernsthaft diskutiert; es hat sicher manchem statistischen Analphabeten und Fortschrittszweifler einen großen Schrecken eingejagt. Ich lasse es als Abschluß dieses Buchs hier einfach so stehen und überlasse meinen verehrten Lesern und Leserinnen zu entscheiden, wo hier der berühmte Haken steckt (ein Hinweis: auch ein Neandertaler hätte so schon zeigen können, daß die Welt bald untergeht).

Literatur: Walter Krämer: So lügt man mit Statistik, Frankfurt 1995 (Campus); John Leslie: »The doomsday argument«, The Mathematical Intelligencer 14, 1992, 48-51; Georg Schrage: »More about doom«, The Mathematical Intelligencer 15, 1993, 3-4.

Epilog

Warum irren wir uns ausgerechnet bei Wahrscheinlichkeiten?

»Gott würfelt nicht.«

Albert Einstein

»Selbst die hellsten Köpfe können scheitern, wenn es um Wahrscheinlichkeiten geht«, schreibt Gero von Randow in *Das Ziegenproblem – Denken in Wahrscheinlichkeiten* (ein sehr empfehlenswertes Taschenbuch, das neben dem Ziegenproblem auch viele andere Paradoxa und Illusionen aus den obigen Seiten amüsant und lehrreich präsentiert). Wer immer also den einen oder anderen Trugschluß aus den vergangenen Seiten selber schon begangen hat: er oder sie ist nicht allein. »Nichts ist zum Beispiel schwieriger«, schreibt Edgar Allan Poe, ein weiterer bekannter Irrfahrer, »als einem Leser, der sich nicht viel mit dergleichen Berechnungen beschäftigt hat, zu beweisen, daß, wenn ein Würfelspieler zweimal hintereinander die Sechs geworfen hat, diese Tatsache ein genügender Grund ist zu wetten, daß er zum dritten Mal die Sechs nicht werfen wird.«

Wie wir aber in diesem Buch gesehen haben, gibt es in Wahrheit nicht den geringsten Grund zu wetten, daß der Würfelspieler beim dritten Mal die Sechs nicht werfen wird – das Gesetz der Großen Zahl, auf das sich Poe mit seiner Aussage ganz offenbar bezieht, bleibt trotzdem wahr, Poe hat sich geirrt.

Und auch andere große Denker haben sich geirrt, Cardano, Pascal, Leibniz, d'Alembert. »Seit dem Anfang der Wahrscheinlichkeitsrechnung hat es immer wieder strittige Probleme gegeben, das heißt Aufgaben, die verschieden gelöst wurden«, schreibt der Mathematik-Didaktiker Hans Freudenthal in seiner *Mathematik als pädagogische Aufgabe*, »bis eine sorgfältige Analyse zeigte, welche der strittigen Parteien Recht hatte. [Und] es waren ... durchaus nicht zweitklassige Mathematiker, die da desavouiert wurden; zu dieser Erscheinung gibt es in der reinen Mathematik kein Analogon.«

*

Diese Fülle der strittigen Probleme und Parteien, die die Wahrscheinlichkeitsrechnung von anderen Teilgebieten der Mathematik unterscheidet, hat verschiedene Quellen, darunter einige recht tiefe, weit in die Wurzeln unseres Weltverständnisses hinunterreichende, die viel zu sehr in das Revier der Philosophen ragen, um hier auch nur einigermaßen gründlich diskutiert zu werden. Wenn es z.B. zutrifft, wie Albert Einstein mit seinem »Gott würfelt nicht« zu sagen scheint, daß die Weltgeschichte sozusagen ein Film ist, schon lange abgedreht, der nur gerade abläuft, so gibt es in einem tieferen Sinn überhaupt keine Wahrscheinlichkeiten – alles, was die Zukunft bringt, ist heute schon bestimmt.

Wenn es dagegen zutrifft, wie andere Physiker behaupten, daß es echte Unbestimmtheit in der Entwicklung unseres Universums gibt, so kann man durchaus von Wahrscheinlichkeiten reden – nur ist damit noch lange nicht entschieden, wie diese zu messen und zu modellieren sind. Und solange diese grundsätzlichen Debatten dauern, werden auch weiter große Geister strittige Probleme zu Wahrscheinlichkeiten strittig lösen.

Von dieser Ebene des Streits zu unterscheiden sind die Alltagsfehler, die wir in diesem Buch betrachtet haben – falsche Analogien, irreführende Verallgemeinerungen, Trugschlüsse aus Stichproben und andere intuitive Eigentore –, die immer noch übrig bleiben, wenn wir alle diese grundlegenden Fragen einmal unter den Teppich kehren, wenn wir so verfahren, als wären Wahrscheinlichkeiten den fraglichen Ereignissen so wie die Zeit und Ort ohne jeden Zweifel zugeordnet – auch dann gibt es noch durchaus ehrenwerte Gründe, sich zu irren.

Eine erste Quelle für Fehler ist, daß Wahrscheinlichkeiten nur per Umweg über bestimmte Annahmen zu dem jeweiligen Vorgang zu bestimmen sind; man kann sie nicht wie Winkel oder Körpergrößen einfach messen, man muß sie sozusagen konstruieren. Sie treten erst durch die Brille eines mathematischen Modells in unser Leben, und genauso wie man im Alltag leicht eine falsche Brille aufsetzt und dann naheliegende Dinge irrtümlich übersieht, kann man auch hier durch falsche Modelle leicht die Wahrheit übersehen.

Ein weiterer Grund, der damit eng zusammenhängt, ist der abstrakte, so wenig greifbare Charakter dieser »Wahrscheinlichkeit« genannten Wesen; der Ingenieur hat seine Maschinen oder Brücken, der Chemiker seine Chemikalien, der Historiker seine Dokumente, und selbst der »normale« Mathematiker hat seine Geraden, Punkte oder Zahlen, die, obschon geistige Gebilde, doch ihre Abbilder im wahren Leben haben; der Wahrscheinlichkeitstheoretiker hat nur seine Kopfgeburten; er ähnelt diesbezüglich mehr dem Theologen, was auch die heißen Glaubenskämpfe erklärt, die hier immer noch etwa zwischen den sogenannten Bayesianern (den Anhängern von subjektiven Wahrscheinlichkeiten) und den Frequentisten toben (die Wahrscheinlichkeiten aus relativen Häufigkeiten ableiten).

Und überlagert wird das Ganze hierzulande dann noch von einer traditionell teutonischen Scheu vor »dem deutschen Geist völlig fremden statistischen Methoden« (so die Begründung für die Ablehnung einer empirisch aufgebauten Habilitationsschrift an einer geisteswissenschaftlichen Fakultät), von einer typisch deutschen Furcht vor Fakten, die es etwa im angelsächsischen Ausland in diesem Ausmaß längst nicht gibt. Wir leben in einem der wenigen Länder dieser Erde, wo man seinen sozialen Status durch das Eingeständnis, mathematisch unbegabt zu sein, verbessern kann, wo Romantiker, Fanatiker und Schwärmer, die seit jeher mit der Rationalität auf Kriegsfuß stehen, besser als anderswo gedeihen, und auch dieses Umfeld hat natürlich zu dem verbreiteten Ungeschick im Umgang mit Wahrscheinlichkeiten gehörig beigetragen.

Auf diesen nationalen Unarten will ich aber nicht zu sehr herumreiten, denn der wichtigste Grund für unsere Probleme im Umgang mit Wahrscheinlichkeiten liegt anderswo, ist international: nämlich daß wir Menschen beim Denken in Wahrscheinlichkeiten oft zu Opfern unseres eigenen intellektuellen Erfolges werden. Die meisten der populären Irrtümer aus diesem Buch sind keine Konstruktionsfehler unseres ansonsten so erfolgreichen Denkapparates – sie sind eher eine fast notwendige Nebenerscheinung einer im großen und ganzen durchaus gelungenen Evolution, die die Species Homo Sapiens als einzige unter allen Urwaldaffen zu dem Herren der Erde gemacht hat, der sie heute ist; wir haben die Schimpansen und Gorillas überflügelt, nicht weil wir größer, stärker oder schneller sind, sondern weil unsere Gehirnzellen auf bestimmte Umweltreize auf bestimmte Weise reagieren, auf eine Weise, die das Überleben und das Lernen fördert, aber auch Nebenwirkungen erzeugt, die zuweilen der Logik und den Regeln der Wahrscheinlichkeiten widersprechen.

Eine dieser nützlichen, aber auch mit Nebenwirkungen behafteten Fähigkeiten besteht zum Beispiel darin, ähnliche Dinge und Sachverhalte als ähnlich zu erkennen: Hat einer unserer Urwaldahnen eine wilde Frucht gefressen und sich darauf Bauchweh zugezogen, hat er vermutlich hinfort nicht nur diese Frucht, sondern auch alle ähnlichen gemieden – eine kluge Entscheidung. Und genauso verfahren wir noch heute, wenn wir etwa entscheiden sollen, ob die Zahlen 1, 2, 3, 4, 5, 6 beim Lotto wahrscheinlicher sind als 13, 17, 21, 44, 40, 48.

»Natürlich ist die zweite Reihe viel wahrscheinlicher!« denken die Nachfahren dieses Urwaldaffen, denn die zweite Reihe sieht denen, die Samstag für Samstag aus der Lottotrommel rollen, deutlich ähnlicher. Solche irregulären Zahlen gibt es jede Woche, Muster wie das erste aber nie – daraus schließen wir, Muster seien weniger wahrscheinlich. Daß es natürlich viel mehr irreguläre Reihen als schöne Muster gibt, daß also eine *konkrete* irreguläre Reihe durchaus nicht wahrscheinlicher sein muß als ein schönes Muster, kann dabei leicht vergessen werden. »Unser Hirn ist einfach nicht richtig verdrahtet, um Wahrscheinlichkeitsaufgaben schnell zu meistern«, wie der amerikanische Statistiker Persi Diaconis sagt.

Anders als die anderen Affen lernen Menschen auch schneller aus persönlicher Erfahrung (bzw. sogar nur aus persönlicher Erfahrung, wie bestimmte Philosophen meinen), und auch das ist für das Überleben unserer Gattung nützlich, für das Berechnen von Wahrscheinlichkeiten aber schädlich. Wird in meiner Wandergruppe der Vordermann vom Blitz erschlagen, werde ich hinfort die Blitzgefahr gewaltig überschätzen, genauso wie die Opfer von Einbrüchen oder Schlaganfällen die Wahrscheinlichkeiten für Einbrüche und Schlaganfälle in aller Regel überschätzen. Auch das ist nur natürlich, denn unsere Vorfahren in grauer Vorzeit hatten weder ein Statistisches Jahrbuch noch moderne Sterbetafeln; es blieb ihnen nicht anderes übrig, als ihr Verhalten an Erfahrung auszurichten und auf die Gefahren zu reagieren, die sie kannten – eine bei beschränkter Information durchaus optimale, aber im 20. Jahrhundert etwas antiquierte Handlungsweise.

Auch die einzigartige Fähigkeit des Menschen, Muster im Chaos zu entdecken, auch im größten Unsinn einen Sinn zu finden, die die Entzifferung der Hieroglyphen, das Periodensystem der chemischen Elemente und die Spaltung des Atomkerns möglich machte, schlägt bei wirklich chaotischen Prozessen leicht ins Negative aus: Wir sehen dann imaginäre Muster in Aktienkursen oder Regelmäßigkeiten bei Glücksspielen und Würfeln, wo keine Muster oder Regelmäßigkeiten sind. Die bekannten Bauernregeln zum Wetter, die todsicheren Strategien beim Roulette oder die Kauf- und Verkaufsregeln der Chart-Leser an der Aktienbörse sind alles Ausflüsse einer durchaus nützlichen Tendenz unseres Denkens, nichts in unserer Umwelt unerklärt zu lassen.

Hierher gehört auch unser Streben, selbst kleine Stichproben als repräsentativ zu werten und den Zufall zu vergessen: Wenn ich fünfmal an den gleich Ort in Urlaub fahre, und dreimal hat es nur geregnet, so darf ich durchaus schließen: »Die Wahrscheinlichkeit für einen verregneten Urlaub beträgt 60 Prozent, nächstes Jahr fahre ich woanders hin.« Daß dies nur eine Schätzung für die wahre Wahrscheinlichkeit für Regen ist, daß sich diese

Schätzung bei nur fünf Beobachtungen durch Zufall weit vom wahren Wert entfernen kann, ist zwar richtig, aber zunächst nicht so wichtig, und deshalb sind wir oft geneigt, den Zufallseinfluß zu vergessen.

Auf diese Weise, indem wir auf unsere Umwelt durchaus vernünftig reagieren, haben wir uns also im Lauf unserer Entwicklung vom Affen zum Menschen Denkmuster angeeignet, die bei allem Nutzen doch auch ihre Macken haben. Und auch wenn uns diese Macken wohl kaum so wie der Säbel den Säbelzahntiger als Spezies zum Untergang verdammen – vielleicht ist zehn Millionen Jahre nach dem Auszug aus dem Urwald eine gute Zeit gekommen, auch diese Reste unseres Affenlebens so wie Fell und Backenzähne abzulegen.

Register

Arthur Freeman
Rose DeWolf

Die 10 dümmsten Fehler kluger Leute

Wie man klassischen Denkfallen entgeht. Mit einem Vorwort von Aaron T. Beck. Aus dem Amerikanischen von Karin Diemerling. 295 Seiten. SP 2551

Jeder, selbst der Klügste, hat in seinem Leben mal etwas getan, was sich hinterher als dumm herausstellte. Arthur Freeman, einer der bedeutenden Vertreter der kognitiven Theorie, und die Journalistin Rose DeWolf zeigen in ihrem Buch klassische Denkfehler auf. Sie liegen in unseren Einstellungen begründet und können unser Leben entscheidend prägen. Ob es sich um übertriebenen Perfektionismus oder ewiges Ja-Sagen handelt, um den Hang zum Gedankenlesen statt der offenen Aussprache, um Besserwisserei oder die Sucht nach Vergleichen: Wenn man die Denkfehler erkennt, die unser Handeln und letztlich unser Glück behindern, so Freeman, ist der erste Schritt getan. Damit es bei der Selbsterkenntnis aber nicht bleibt, bietet der Band zahlreiche Lösungsvorschläge an, die einem bei der Umlenkung der eigenen Denkkraft behilflich sind.

Jörg Krichbaum (Hrsg.)

Maximal, minimal, phänomenal

Superlative und Rekorde in Deutschland. 157 Seiten. SP 2513

Der/die/das Größte, Kleinste, Stärkste, Älteste, Erste – es ist immer wieder die Faszination des Besonderen, die unsere staunende Bewunderung erregt, und das sogar im Bereich eher absurder Veranstaltungen wie Dauerküssen oder Kirschkernweitspucken. In dieser Faszination steckt bei den Deutschen – und das zeigt diese wunderbare Sammlung deutscher Rekorde – vor allem die Achtung vor der Leistung, eine tiefe, nahezu kultische Verehrung der Arbeit. Es sind erstaunliche Spitzenleistungen, die die Deutschen im Laufe der Geschichte erbracht haben. So sind sie nicht nur die größten Wurstesser und Biertrinker der Welt, sie haben auch den Buchdruck erfunden und die erste brauchbare Rechenmaschine konstruiert. Krichbaum hat sich bei seiner informativen, launigen, oft auch skurrilen Auswahl deutscher Superlative auf solche konzentriert, die noch heute zu besichtigen sind.

Walter Krämer, Götz Trenkler

Lexikon der populären Irrtümer

500 kapitale Mißverständnisse, Vorurteile und Denkfehler von Abendrot bis Zeppelin.
411 Seiten. SP 2446

Vorurteile und Irrtümer bestimmen unseren Blick auf die Welt im großen und ganzen, aber auch im kleinen und im besonderen. Die Autoren, renommierte Professoren, zeigen wissenschaftlich belegt und statistisch untermauert, von wie vielen und von welchen Irrtümern wir umgeben sind und wie es sich daneben mit der Wahrheit verhält.

Daß Spinat nicht gesünder ist als sonstige Gemüsesorten, Hamburg mehr Brücken als Venedig hat und Nero nicht grausamer war als andere römische Despoten, hat sich allenthalben herumgesprochen, doch immer noch kursieren Hunderte von weiteren Irrtümern und Mißverständnissen im sogenannten Allgemeinwissen. Die beiden Professoren Walter Krämer und Götz Trenkler rücken in ihrem Lexikon unser verschobenes Weltbild auf höchst amüsante Weise zurecht: So erfahren wir, daß die arabischen Ziffern gar nicht aus Arabien, sondern aus Indien stammen, der Vogel Strauß bei Gefahr gar nicht seinen Kopf in den Sand steckt, heißes Wasser einen Brand schneller löscht als kaltes und Raucher die Gesundheitskasse nicht mehr, sondern weniger belasten, weil sie früher sterben.

»Der Laie staunt, und der Leser wundert sich, wie viele Irrtümer, Denkfehler und moderne Mythen Krämer und Trenkler in unserem porösen Alltagswissen aufspüren.«

Die Woche

»Für den Rezensenten war das Lexikon der populären Irrtümer das erste Lexikon, daß er von A bis Z gelesen hat – und das mit dem größten Vergnügen.«

Die Zeit